FORSCHUNGSBERICHTE DES LANDES NORDRHEIN-WESTFALEN

Nr. 2775/Fachgruppe Maschinenbau/Verfahrenstechnik

Herausgegeben im Auftrage des Ministerpräsidenten Heinz Kühn
vom Minister für Wissenschaft und Forschung Johannes Rau

Dipl.-Ing. Helmut Schlüter
Institut für Kunststoffverarbeitung in Industrie und Handwerk
an der Rhein.-Westf. Techn. Hochschule Aachen

Entwicklung und Erprobung von Krafteinleitungselementen für Strukturschaumteile und Sandwichkonstruktionen

Westdeutscher Verlag 1978

CIP-Kurztitelaufnahme der Deutschen Bibliothek

Schlüter, Helmut:
Entwicklung und Erprobung von Krafteinleitungs-elementen für Strukturschaumteile und Sandwich-konstruktionen / Helmut Schlüter. - Opladen: Westdeutscher Verlag, 1978.
(Forschungsberichte des Landes Nordrhein-Westfalen; Nr. 2775 : Fachgruppe Maschinen-bau, Verfahrenstechnik)
ISBN-13: 978-3-531-02775-3 e-ISBN-13: 978-3-322-88425-1
DOI: 10.1007/978-3-322-88425-1

Gesamtherstellung: Westdeutscher Verlag

ISBN-13: 978-3-531-02775-3

Inhalt

1. Zusammenfassung

Aufgrund ihrer günstigen spezifischen Steifigkeit werden PUR-Strukturschaumteile häufig in der Möbel-, Elektro-, Auto- und Bauindustrie eingesetzt.

Die Festigkeit von Strukturschaum- und Sandwichbauteilen kann aber in sehr vielen Fällen nicht ausgenutzt werden, da es sehr schwierig ist, die auftretenden Kräfte so in die Bauteile einzuleiten, daß Materialüberlastungen vermieden werden.
Die Zielvorstellung bei der Entwicklung der Krafteinleitungselemente war deshalb

1. - eine feste Verankerung im Schaum zu gewährleisten,
2. - eine kostengünstige, sichere Montage von Beschlägen zu ermöglichen,
3. - die Fertigung der Schaumteile selbst nicht wesentlich zu verteuern.

In einer spannungsoptischen Untersuchung an plattenförmigen EP-Bauteilen miteingegossenen Krafteinleitungen wurden die Grundlagen für die Formgebung festgelegt.

Für die einzelnen Werkstoffe der Krafteinleitungselemente (PVC, PA, GF-EP, ABS, GF-PP, POM) sind die speziellen Formen durch Einsetzen der Werkstoffdaten E-Modul und Querkontraktion in einen schrittweisen Rechnungsgang bestimmt worden.

Die Überprüfung der Form in diesen spannungsoptischen Versuchen zeigte eine sehr gleichmäßige Flächenpressungsverteilung in der Grenzfläche Element-Einbettungsmaterial, die eine örtliche Überlastung des Einbettungsmaterials verhindert.

Zur Dimensionierung der schaumabgewandten Seite des Elements wurden die Auszugskräfte von verschiedenen gefertigten Schraubenverbindungen gemessen.
Aus den Erkenntnissen der Versuche mit zweidimensionalen Krafteinleitungselementen und den Schraubenauszugsfestigkeiten ergab sich die Form nach Bild 1. Hinzu kam die spritzgußtechnische Gestaltung des Elementes und die Randbedingung, daß diese in PUR-

Hartschaumplatten (ϱ ca. 400 - 800 kg/m^3) der Dicke von >25 mm eingeschäumt werden sollten.

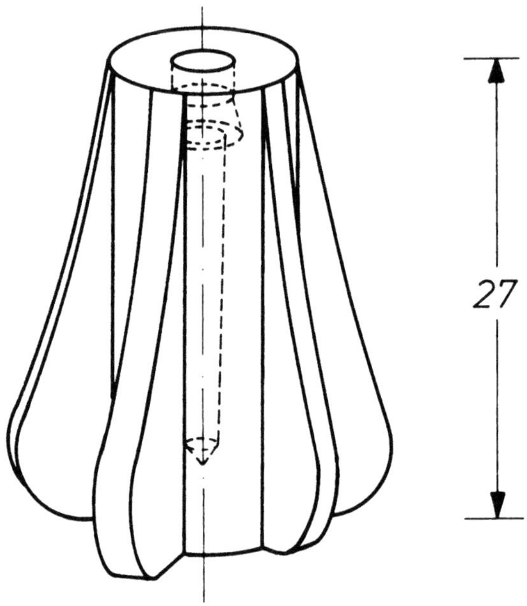

Bild 1: Räumliches Krafteinleitungselement

Die Bohrung für die selbstschneidenden Blechschrauben ist am oberen Ende für eine Schnappverbindung gestaltet worden.

Die eingeschäumten Elemente sind in Kurzzeitzug-, Langzeitzug- und Temperaturwechselversuchen sowie Dauerschwingversuchen für die im Einsatz vorkommenden Belastungen geprüft worden.
Zusätzlich wurden die Auszugskräfte der spritzgegossenen Krafteinleitungselemente und weiterer handelsüblicher Dübel sowie Inserts aus Kunststoff und Metall in Verbindung mit verschiedenen Klebsystemen in PUR-Hartschaum ermittelt.

Für die Krafteinleitung in Sandwichelementen sind ebenfalls zwei Formen konstruiert und auf Zugfestigkeit untersucht worden.

2. Einleitung

Die Tragfähigkeit von geschäumten Kunststoffbauteilen kann in vielen Fällen nicht ausgenutzt werden, da es sehr schwierig ist, die auftretenden Kräfte so in die Bauteile einzuleiten, daß Materialschädigungen vermieden werden.

Einige Hersteller von PUR-Teilen in der Möbel-, Elektro-, Büromaschinen-, Auto- und auch für großflächige Teile in der Bauindustrie /1; 2; 3; 4/ vermeiden das Problem der punktförmigen Krafteinleitung durch Verkleben der Teile mit Reaktionsklebern. Die Ergebnisse dieser kraftschlüssigen Verbindung sind bei richtiger Gestaltung der Fügestelle technisch zufriedenstellend, verursachen jedoch relativ hohe Kosten.

Das am häufigsten angewandte Verfahren zur Befestigung z.B. von Beschlägen ist das Verschrauben mit gewindeformenden Schrauben ähnlich DIN 7970 oder Hi-Lo-Schrauben /8/. Vereinzelt werden auch Holzschrauben nach DIN 96 eingesetzt. Dieses Verfahren ist billig, schnell und führt bei relativ hohen Raumgewichten zu zufriedenstellenden Ergebnissen. Bei niedrigen Raumgewichten, die aufgrund der Belastungen des gesamten Bauteils und unter Berücksichtigung der Kosten (Zykluszeit, Rohstoffkosten) optimal wären, treten zwei Hauptschwierigkeiten auf:

1. Die Schraubenauszugsfestigkeiten nehmen ab, so daß die Anzahl der Schrauben erhöht werden muß.

2. Das Eindrehmoment der Schrauben hat keinen prägnanten Sprung beim Festziehen der Beschläge.
   Wegen dieser Gefahr des Durchdrehens der Gewinde können die Schrauben nur noch in Einzelfällen mit mechanischen Schraubern eingedreht werden.

Die Kosteneinsparung durch niedrige Raumgewichte wird also durch höhere Montagekosten zunichte gemacht. Daraus ergibt sich ein kostenoptimales Raumgewicht, das nicht mit dem Raumgewicht übereinstimmt, das sich aus der Betriebsbelastung des Gesamtbauteils ergibt.
Durch eine geeignete Krafteinleitung kann dieser Unterschied aufgehoben werden. Die einfachste Methode besteht darin, daß die Schraube nicht in Kernmaterial eingeschraubt wird, sondern im nicht aufgeschäumten Material der Deckschichten Halt findet.
In Bild 2 sind die Schraubenauszugsfestigkeiten für verschiedene Arten der Gewindeherstellung im Schaum dargestellt /5/.

Im ersten Fall (a) wurde eine Blechschraube in einen Probeschaumkörper (ρ = 400 kg/m^3) bis zu einer wirksamen Gewindelänge von 15 mm eingeschraubt.
Im Fall (b) wurde ein Sackloch von 2 mm Durchmesser durch Umschäumen eines PVC-Stiftes, der in die Werkzeugwandung eingesetzt war, in den Probekörper eingebracht.
Im Fall (c) bestand dieser Stift aus Kupfer, um eine tiefe Wandtemperatur und somit eine kompakte feste Lochwandung zu erhalten. Die unterschiedlichen Verhältnisse am Gewinde sind auch in Bild 3 deutlich zu erkennen. Durch den gut wärmeleitenden Stift hat sich um das Sackloch herum ein Bereich höherer Dichte gebildet, der eine ca. 2 1/2 fache Schraubenbelastbarkeit ermöglicht. Wenn man diese Steigerung mit den Werten von Bild 4 vergleicht, so sieht man, daß so Festigkeiten der Schraubenverbindung erreicht werden, die sonst nur bei Raumgewichten mit wesentlich höherem Materialeinsatz möglich sind.

Diese wirkungsvolle Methode läßt sich ohne zusätzliche Kosten für die Fälle anwenden, bei denen die Achsen der Schrauben senkrecht auf der Formtrennebene stehen. Wird diese Bedingung nicht erfüllt, so sind die Stifte, die die Sacklöcher formen, beweglich vorzusehen.
Wenn noch größere Kräfte übertragen werden müssen, so wird dies mit Einlegeteilen erreicht, die die Angriffsfläche der Kräfte vergrößern. Im Handel sind bisher ausschließlich metallische Krafteinleitungselemente (Bild 5) die nur ungern in automatisierten Fertigungsabläufen eingesetzt werden, weil Werkzeugbeschädigungen durch diese harten Teile befürchtet werden /6, 7/.

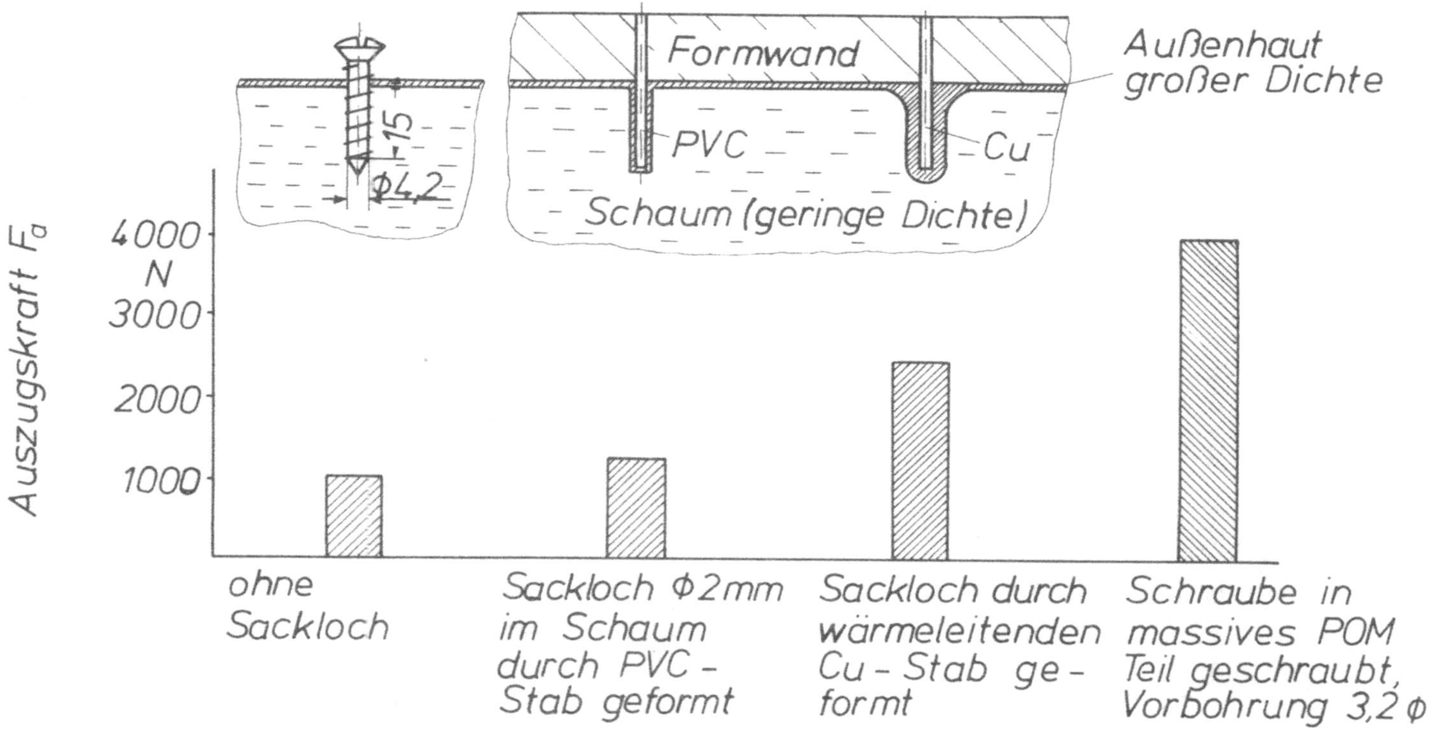

Bild 2: Auszugskraft bei verschieden hergestellten Schraubenverbindungen

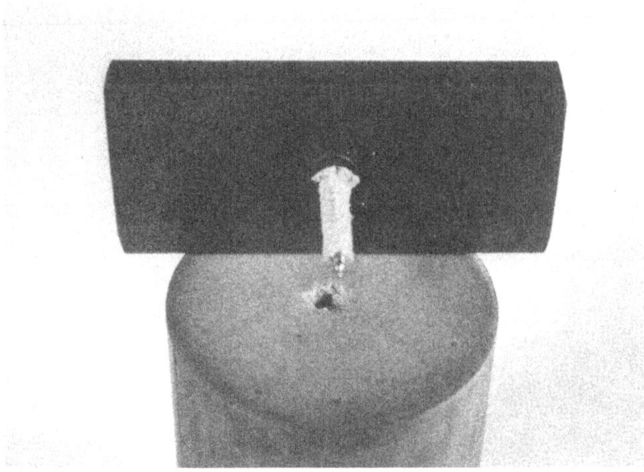

Fall a,b

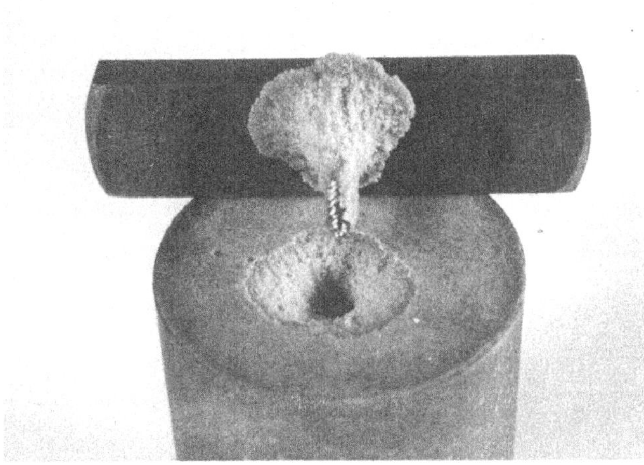

Fall c

Bild 3: Versagensbilder verschieden hergestellter Schraubenverbindungen (vgl. Bild 2)

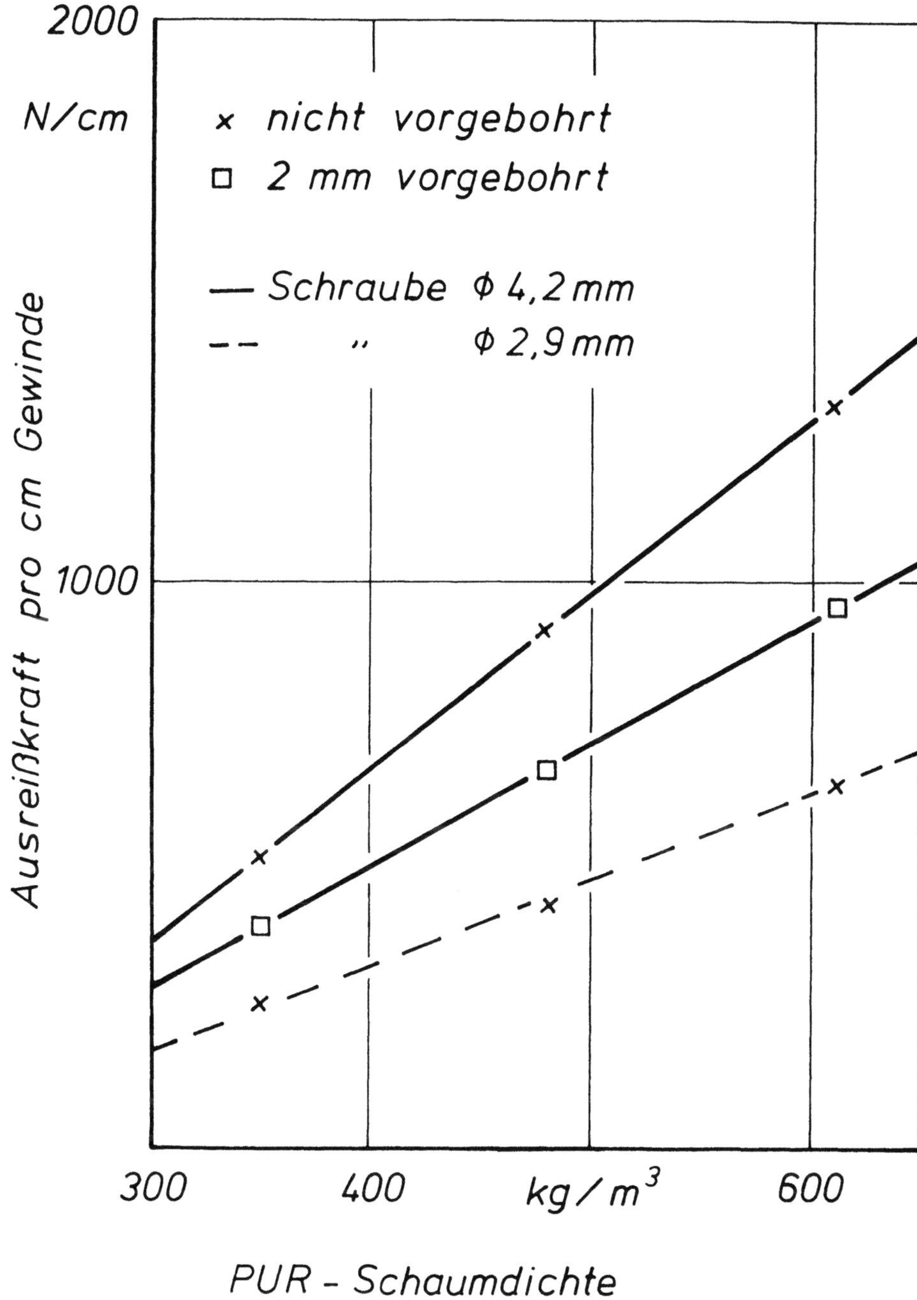

Bild 4: Ausreißfestigkeit einer Blechschraube (ähnlich DIN 7970)

3. Gestaltung und Werkstoffauswahl für Krafteinleitungselemente aus Kunststoffen

3.1 Vorteile der Krafteinleitungselemente aus Kunststoffen

Durch den großen Unterschied der Härte werden Werkzeugschäden bei unsachgemäßem Einlegen in die Werkzeuge vermieden.

Das Fertigungsverfahren Spritzguß ermöglicht eine sehr große Gestaltungsfreiheit. Daher ist man nicht auf einen Kompromiß zwischen guten mechanischen Eigenschaften und eng begrenzten Fertigungsmöglichkeiten angewiesen.

Die Kraft eines umschäumten Bauteils kann durch Hinterschneidungen oder Durchschäumen sowie durch Verkleben; d.h. durch Schub- und Zugspannungen an der Grenzfläche Schaum-Kunststoffbauteil übertragen werden.
Die Zielsetzung bei der Entwicklung der Krafteinleitungselemente war:

- eine feste Verankerung im Schaum zu gewährleisten
- eine kostengünstige, sichere Montage von Beschlägen zu ermöglichen
- die Fertigung der Schaumteile selbst nicht wesentlich zu verteuern.

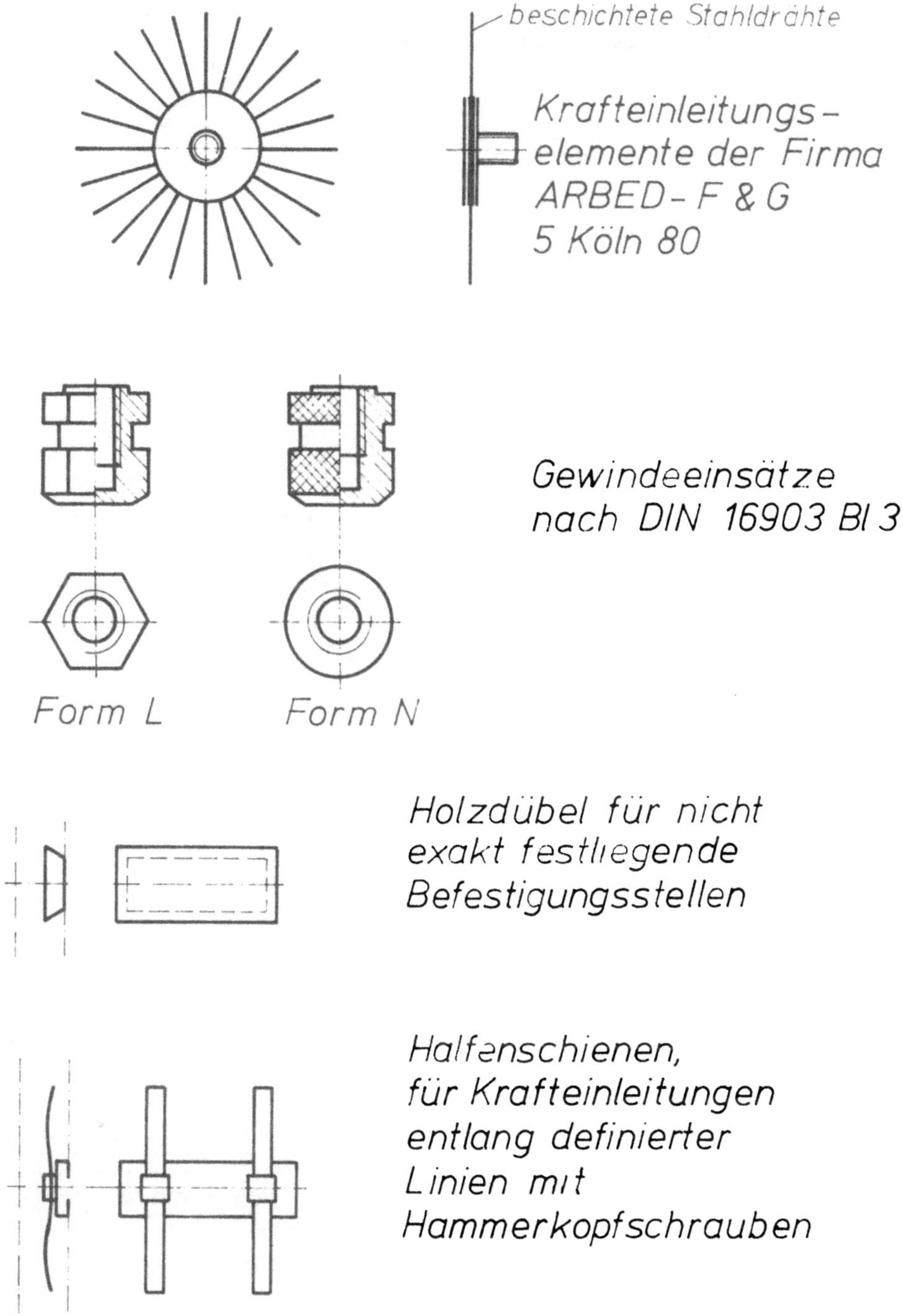

<u>Bild 5:</u> Bauarten zur Zeit verwendeter Krafteinleitungselemente

Die Entwicklung dieser Teile erfolgte demnach zweigleisig:

a) Auswahl des optimalen Werkstoffs in bezug auf
   - mechanische Eigenschaften
   - gute Haftung zwischen Schaum und Krafteinleitungselement
   - leichte Verarbeitbarkeit
   - geringe Fertigungskosten

b) Formgebung des Bauteils hinsichtlich
   - geringer Spannungsspitzen im Schaum
   - geringer Kosten (z.B. Werkzeugkosten)
   - leichter Montierbarkeit
   - Anpassung an Wandstärketoleranzen

3.2 Werkstoffauswahl

Zunächst erfolgte eine Werkstoffvorauswahl nach den mechanischen und thermischen Eigenschaften. Um Zerstörungen der Haftung des Elementes im Schaum durch große Dehnungen des Elementes selbst zu vermeiden, wurden Materialien mit hohem Elastizitätsmodul in die engere Wahl gezogen. Dabei schieden spröde Materialien (PC, PS) aus, da auch bei den Elementen von selbstschneidenden Schrauben oder Schnappverbindungen ausgegangen wurde. Glasfaserverstärkte Materialien wurden wegen der höheren Gesamtfertigungskosten nach Möglichkeit vermieden.
Bei der Reaktion des PUR Schaums treten sehr hohe Temperaturen auf (160° C - 180°C), (Bild 6), die von den umschäumten Kunststoffteilen kurzfristig ertragen werden müssen, ohne daß sich diese bis zur Unbrauchbarkeit verformen.

In die engere Wahl kamen deshalb PETP, POM, PVC-hart, GF-PP, PA, ABS.

3.3 Dimensionierung der Krafteinleitungselemente für die Verwendung von gewindeprägenden Schrauben

Da man bemüht ist, den Materialeinsatz der KE ≙ Krafteinleitungselemente möglichst gering zu halten, wurden die Randbedingungen der Schraubenverbindung so variiert, daß anwendungsbezogene Aussagen über die optimale Gewindegestaltung gemacht werden können.

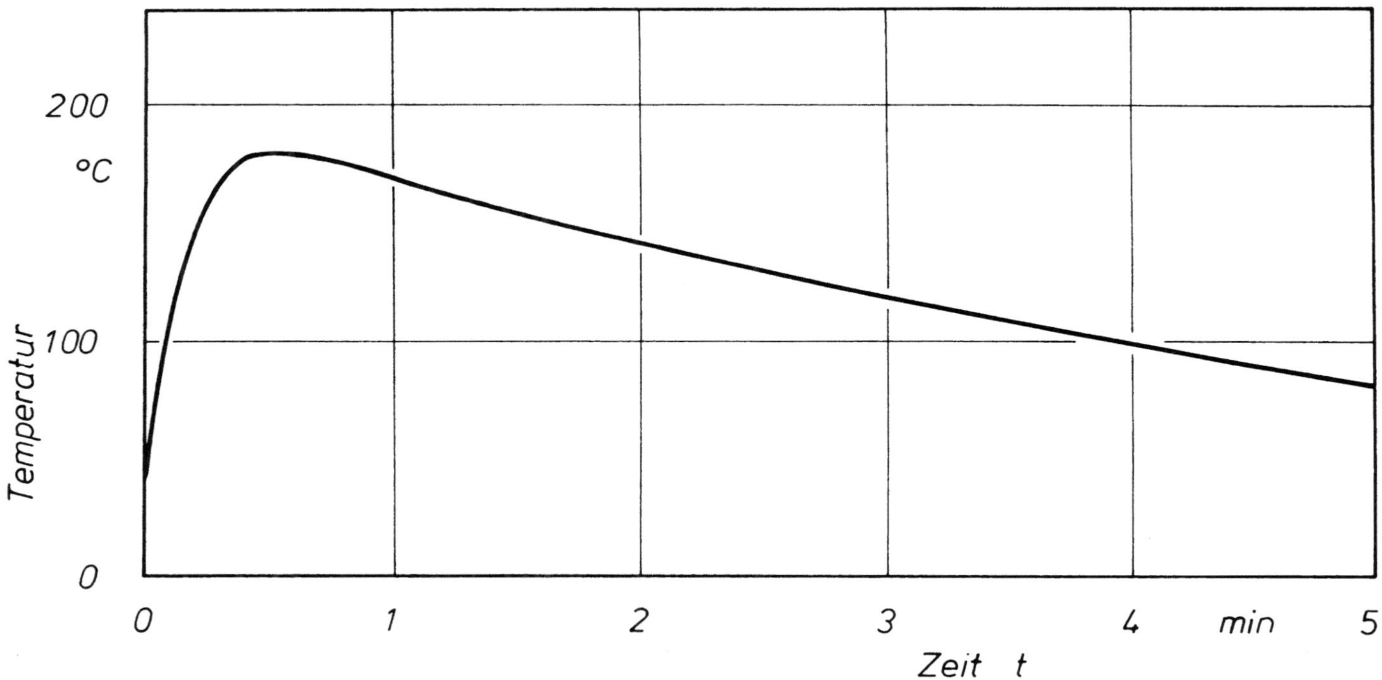

Bild 6: Kontakttemperatur, KE - PUR-Hartschaum

Variation des Außendurchmessers des gewindeaufnehmenden Kunststoffteils.

Bei einer Einschraublänge, die dem 2,5 fachen des Schraubendurchmessers entsprach, wurden für die Werkstoffe PETP, PVC, POM, PA6 und GF-PA6 die Ausreißkräfte für Blechschrauben nach DIN 7970 mit einem Nenndurchmesser von 2,9 mm ermittelt. Dabei hatten die Kunststoffproben, in die die Schrauben eingedreht wurden, Außendurchmesser in den Stufen 2,0 x d, 2,5 x d und 3 x d.
Einen Auszug aus den Ergebnissen zeigt Bild 7.

Variation der Gewindetiefe

Bei einem jeweils festen D/d Verhältnis wurde die Einschraublänge der Gewinde in den Stufen 2 x d, 2,5 x d und 3 x d verändert.
Bild 8 zeigt die ermittelten Ergebnisse für ein Verhältnis D/d von 2,5.

Aus diesen Ergebnissen sollte, sofern die Gestaltung der Gewindeaufnahmen frei ist, folgendes beachtet werden:

- Außendurchmesser, die kleiner als das doppelte des Gewindedurchmessers betragen, führen zum Riß des gewindetragenden Bauteils (bei Zugbelastung).

- Der Anstieg der Auszugsfestigkeit steigt degressiv mit dem D/d Verhältnis.

- Bei großen Einschraublängen übersteigt die Festigkeit der Schraubenverbindung die Festigkeit der Schraube.
  (Dies wurde noch deutlicher bei D/d = 3.).

Das heißt, daß den Mehrkosten sowohl für ein größeres D/d als auch für ein größeres l/d Verhältnis keine erheblichen technischen Vorteile gegenüberstehen.
Die Werkstoffe PA6, POM und PETP weisen vergleichbar gute Werte auf. Gewinde, die in PVC geprägt wurden, weisen deutlich geringere Festigkeiten auf.
Bemerkenswert sind die sehr ungünstigen Eigenschaften für die Verankerung von gewindeprägenden Schrauben in glasfaserverstärktem PA6 (Halbzeug). Durch das Eindrehen der Schrauben wird die Dehn-

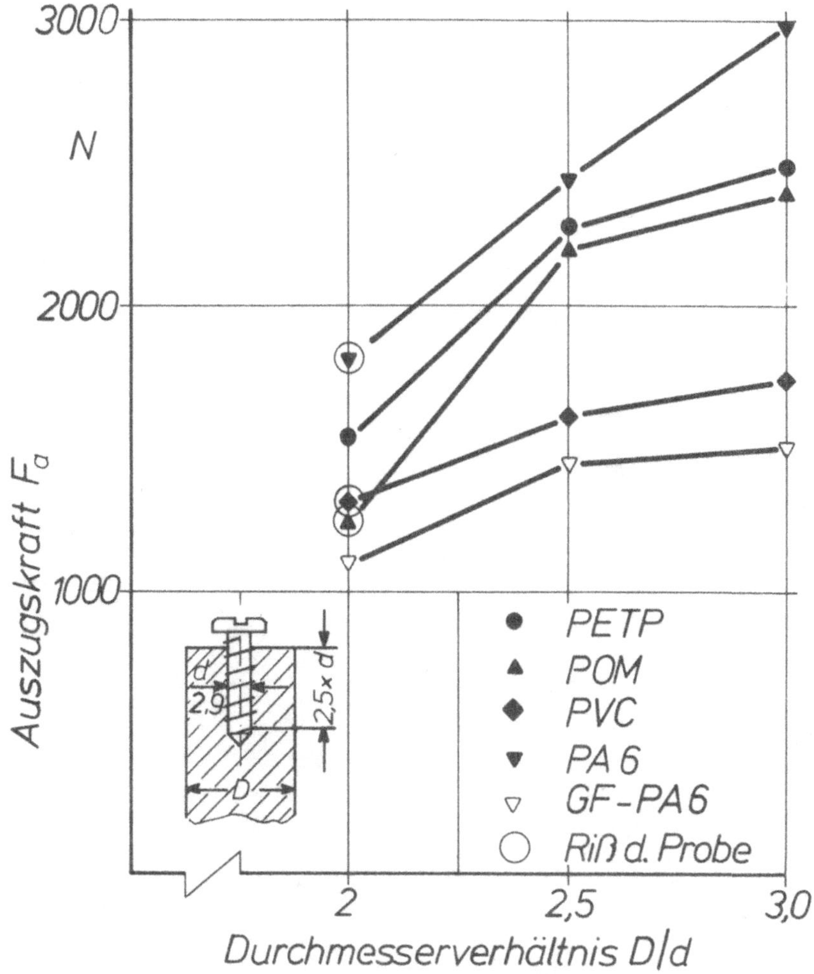

Bild 7: Schraubenauszugskraft, F = f(D/d)

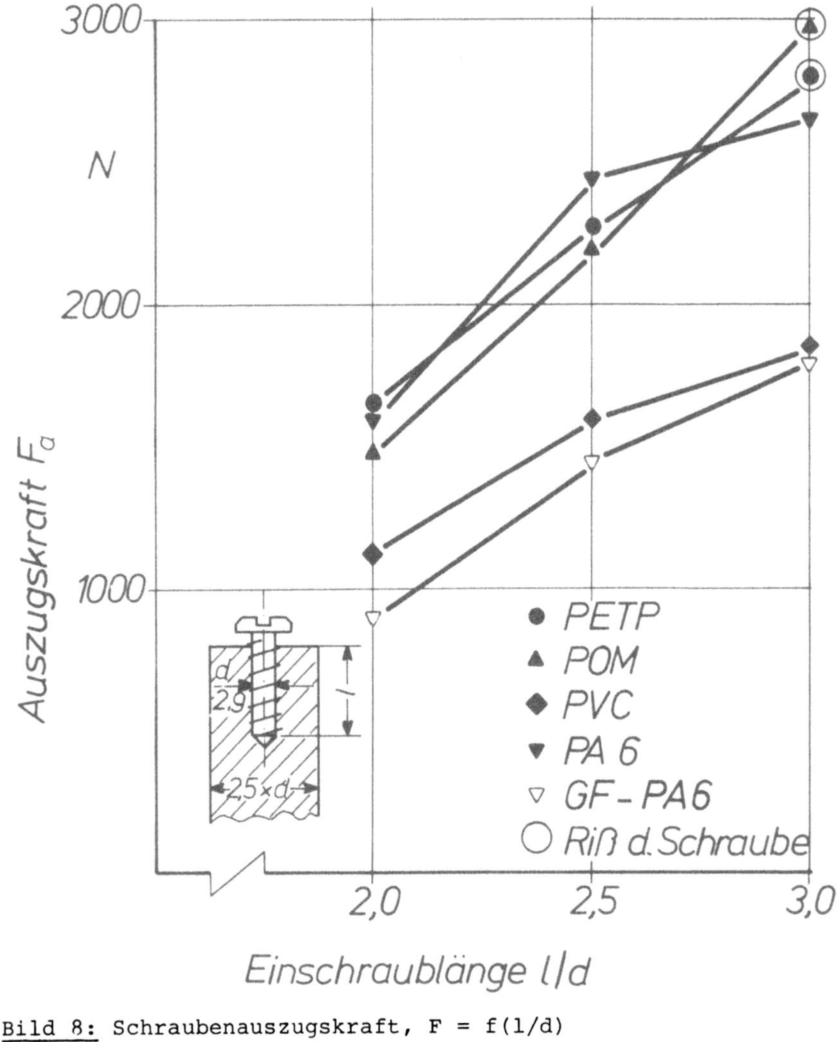

<u>Bild 8:</u> Schraubenauszugskraft, F = f(l/d)

grenze, bei der erste bleibende Werkstoffschäden auftreten (die bei ca. 0,5 % liegt), überschritten. Dadurch kann das geschädigte Material den einzelnen Gewindeflanken gegenüber nur noch geringe Schubspannungen aufbauen. Aufgrund dieses ungünstigen Verhaltens scheiden glasfaserverstärkte Werkstoffe für Krafteinleitungselemente mit Blechschraubenmontage im Normalfall aus.

Variation des Bohrlochdurchmessers

Bild 9 zeigt die Schraubenauszugskräfte für Blechschrauben 4,2 mm aus den im IKV entwickelten KE. Die Einschraubtiefe betrug l = 11 mm und der Außendurchmesser D = 11 mm. Während bei ABS und GF-PP die Schraubenverbindung versagte, brach bei der Kombination Schraube - PA (KE)
Schraube - POM (KE)
immer der Schraubenkopf ab, auch dann, wenn die Schraubenköpfe ausgeglüht waren.

Da das Eindrehmoment der Schrauben in PUR-Hartschaum keinen prägnannten Sprung aufweist, so daß kein mechanischer Schlagschrauber eingesetzt werden kann, wurde dieses Verhalten bei den einzelnen Materialien untersucht.

Bild 10 zeigt die Einschraubdrehmomente für Blechschrauben in Abhängigkeit von Kst. und Bohrlochdurchmesser. Hieraus ist ersichtlich, daß nur ABS und GF-PP mit großem Bohrlochdurchmesser an die Einschraubdrehmomenten-Werte in PUR-Hartschaum ($\rho = 500\ kg/m^3$) herankommen. Der Anstieg des Drehmomentes beim Aufsetzen des Schraubenkopfes ist in Bild 11 dargestellt. Hier ist deutlich der Unterschied von PUR-Hartschaum zu den für KE verwendeten Materialien zu sehen.

3.4 Haftfestigkeit des PUR-Hartschaums zu den Krafteinleitungselementen

Um große Kräfte übertragen zu können, sollte außer den Hinterschneidungen (Formschluß) auch die Haftung des Kunststoffs am Schaum (Kraftschluß) ausgenutzt werden. Darüber hinaus wird durch eine große Haftfestigkeit die Gefahr der Spaltenbildung zwischen Kunststoffelement und Schaum und damit das Eindringen von Medien ver-

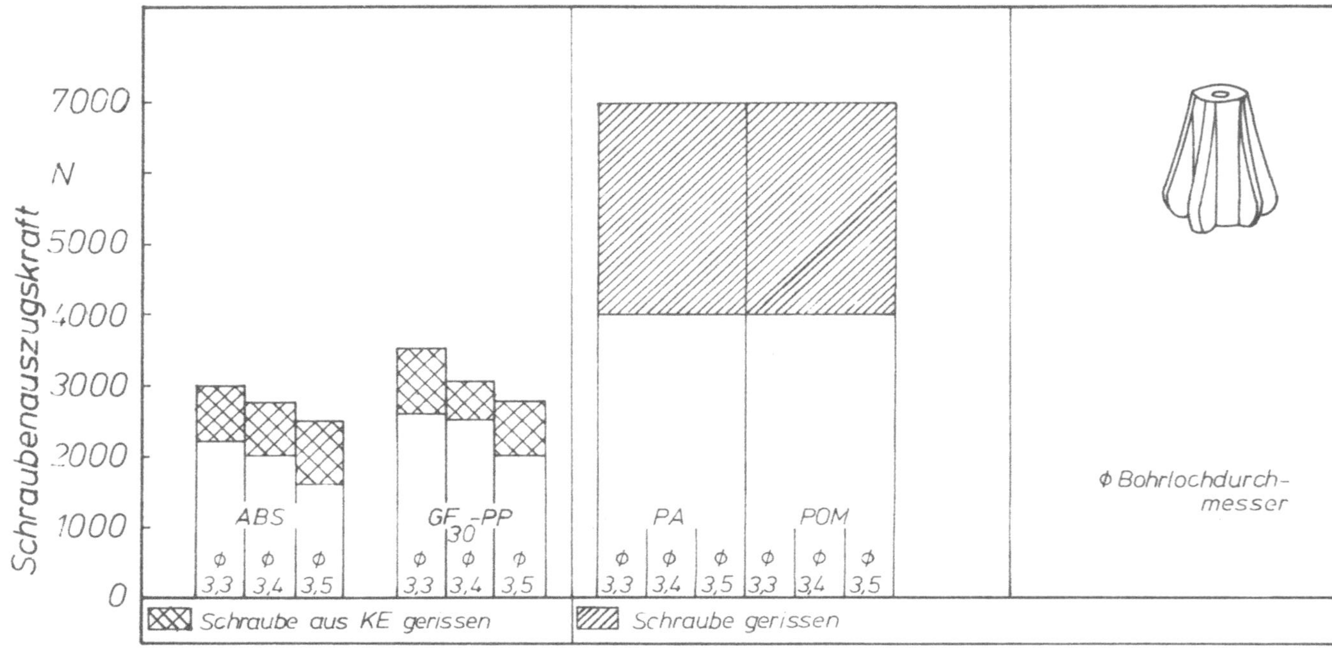

<u>Bild 9:</u> Schraubenauszugskräfte für Blechschrauben 4,2 mm aus spritzgegossenen Krafteinleitungselementen

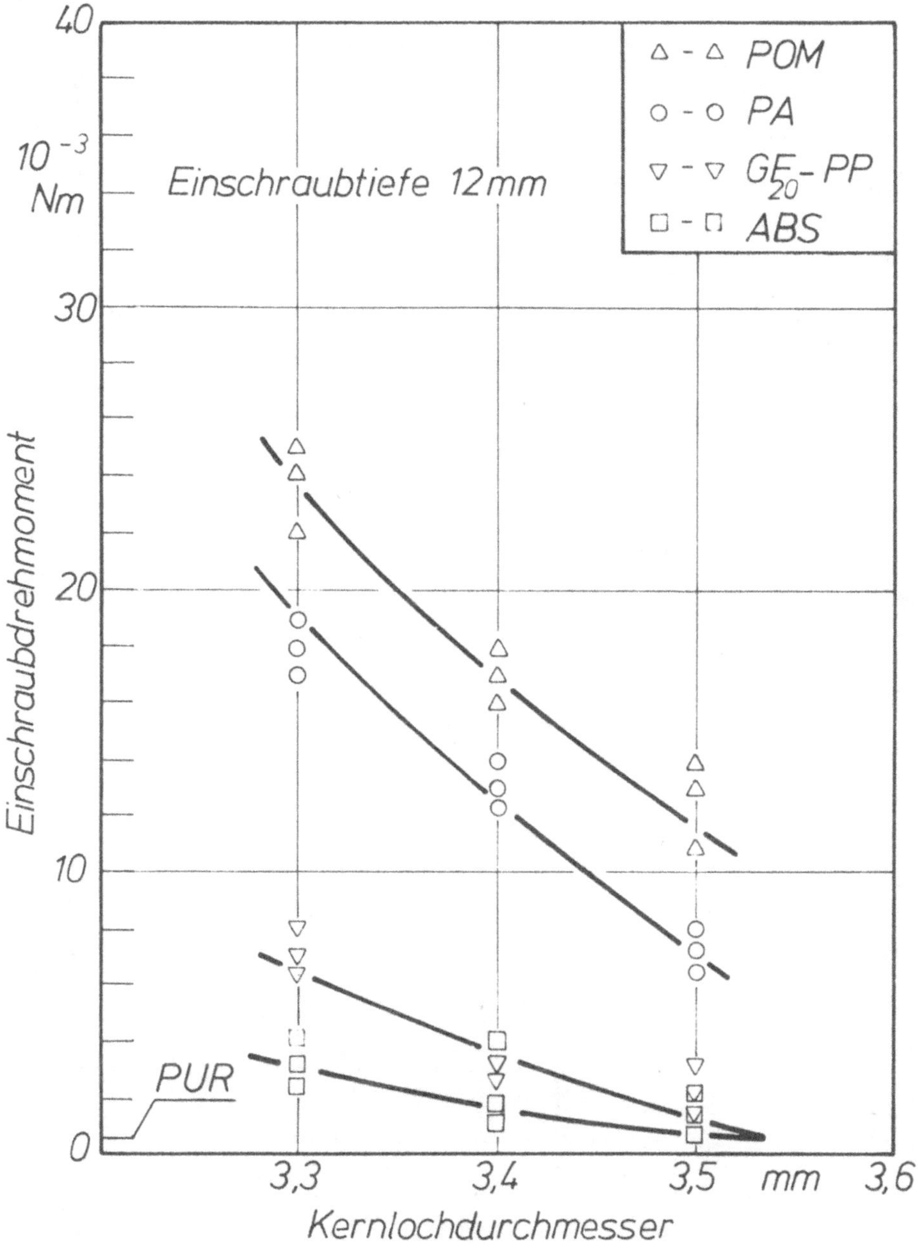

Bild 10: Einschraubdrehmomente für Blechschrauben 4,2 mm

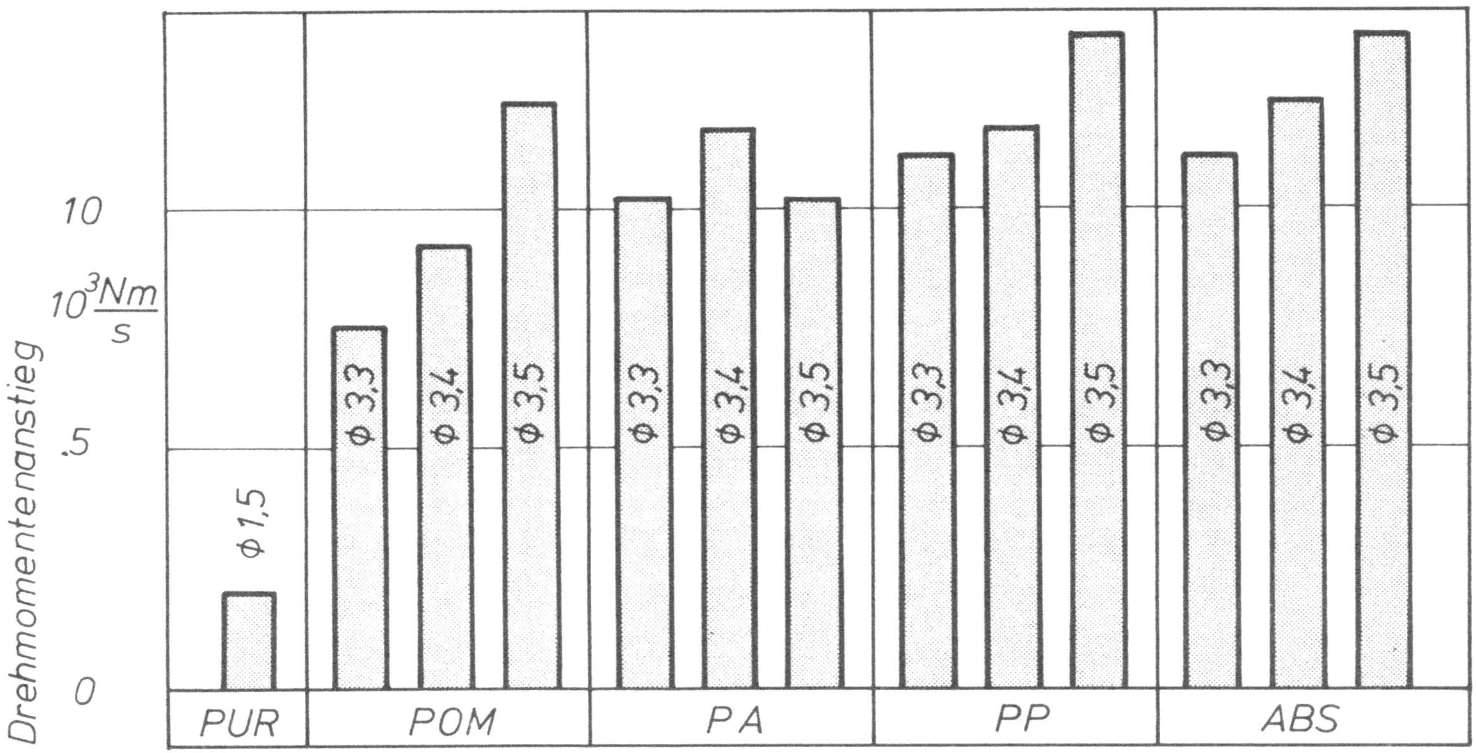

Bild 11: Drehmomentenanstieg beim Aufsetzen des Schraubenkopfes als Funktion des Werkstoffes und des Bohrlochdurchmessers

ringert. Für die Materialien PETP, POM, PVC-hart und PA6.6 ist die Festigkeit der Haftverbindung, wie sie beim Umschäumen entsteht, bestimmt worden /9/. Dabei traten große Streuungen (besonders bei den Zugproben) durch Ungleichförmigkeit des Schaums auf. Die Unterschiede in den Abzugsfestigkeiten der verschiedenen Werkstoffe sind relativ gering (Bild 12). Wichtiger für die Krafteinleitungselemente sind die Werte der Schubfestigkeit, die in Bild 13 wiedergegeben sind. Aufgrund dieser geringen Festigkeitswerte und weil keine Restfestigkeit beim Losbrechen der Haftverbindung mehr besteht, wurde zunächst das Schwergewicht der Untersuchungen auf die Gestaltung formschlüssiger Elemente gelegt.

3.5 Verankerung der Krafteinleitungselemente im Integralschaum

Handelsübliche Krafteinleitungselemente /6/ führen zu lokalen Überlastungen des sie umgebenden Schaums. Dies ist auf die sehr ungleichförmige Umsetzung der äußeren Belastung in Flächenpressungen auf den Schaum zurückzuführen /7/. Es ist deshalb das Ziel der Untersuchungen, das Bauteil so zu gestalten, daß auf der gesamten Oberfläche durch eine äußere Last dieselbe Flächenpressung hervorgerufen wird. Das Verfahren der Spannungsoptik ist für den Nachweis von Spannungen bzw. Flächenpressungen im Inneren von (transparenten) Bauteilen geeignet. Für ein zweidimensionales Modell wurde dieses Verfahren für die Gestaltung der Krafteinleitungselemente angewandt.

3.5.1 Aussagekraft der spannungsoptischen Untersuchungen

Für ein streng zweidimensionales Modell gilt für die Isochromatenordnung n /10/

$$n = \frac{\Delta\sigma \cdot d}{S}$$

mit $\Delta\sigma$ = Hauptspannungsdifferenz
d = Probendicke
S = Spannungsoptische Konstante

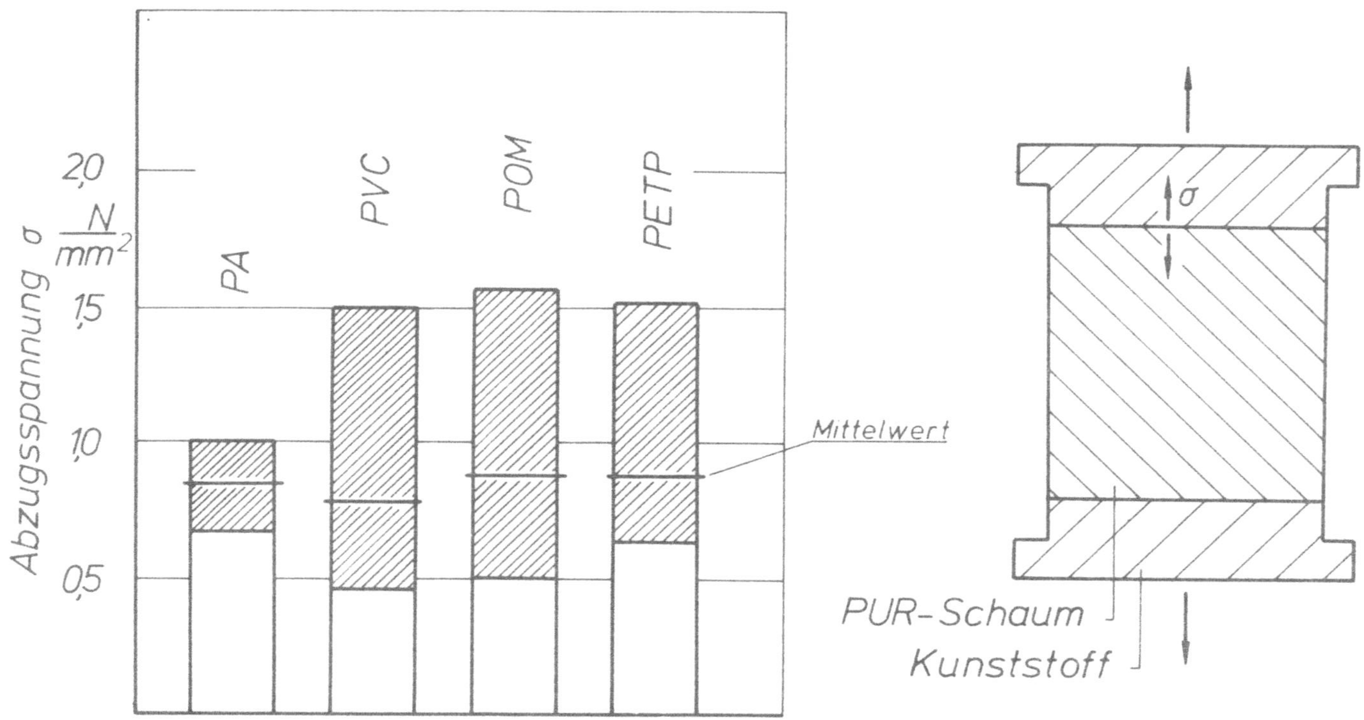

Bild 12: Zugfestigkeit der Grenzschicht, Kunststoff-Schaum

Bild 12: Zugfestigkeit der Grenzschicht, Kunststoff-Schaum

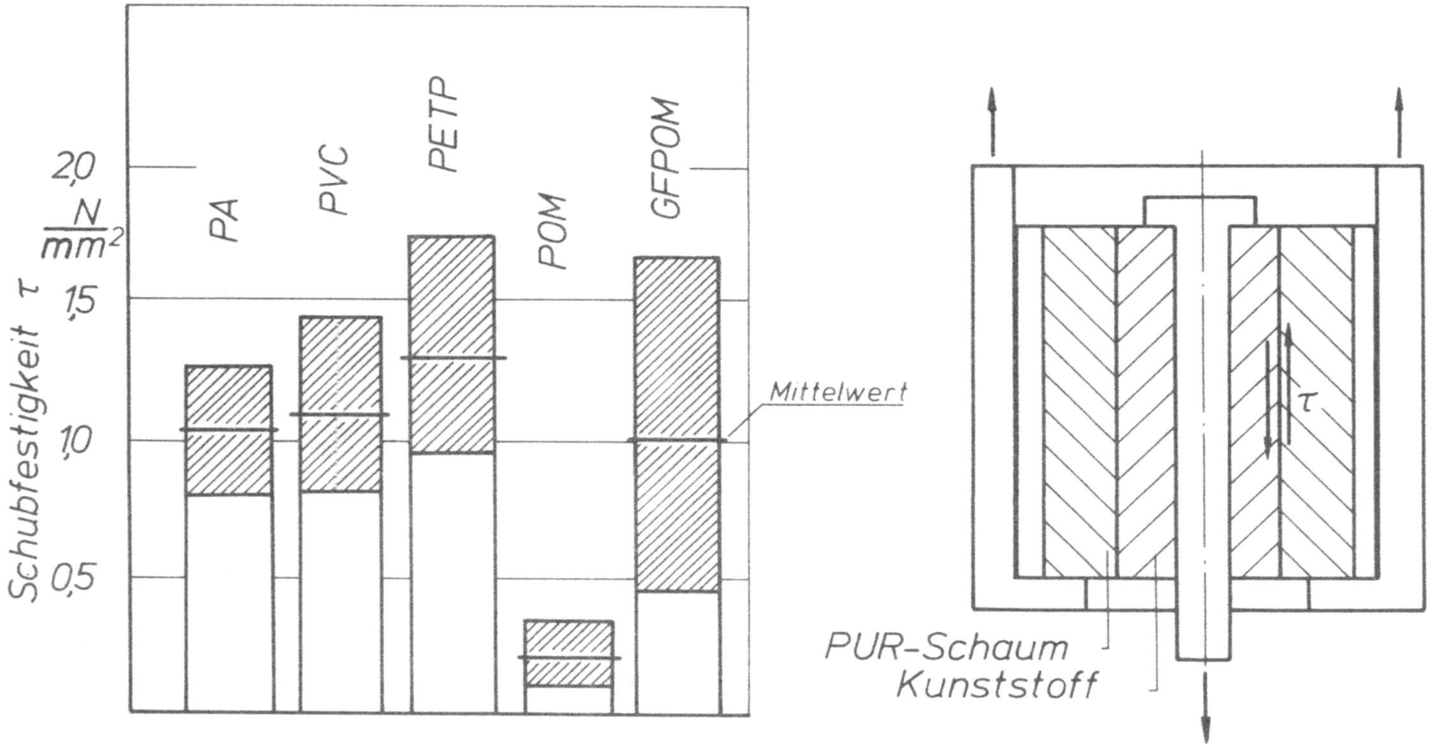

Bild 13: Schubfestigkeit der Grenzschicht, Kunststoff-Schaum

Bild 13: Schubfestigkeit der Grenzschicht, Kunststoff-Schaum

Im vorliegenden Fall kann man jedoch nicht von einem streng zweidimensionalen Modell ausgehen, da das Krafteinleitungselement dünner ist als der umgebende Schaum. Es bildet sich also innerhalb der Probe ein in Beobachtungsrichtung unterschiedlich dicker doppelt-brechender Bereich aus. Dadurch kann einer bestimmten Isochromate keine bestimmte Spannung zugeordnet werden. Die lokale Dicke der doppelbrechenden Schicht läßt sich auch durch ein Durchleuchten aus 3 jeweils zueinander senkrechten Richtungen nicht bestimmen, da so wegen der jeweils unterschiedlichen Probendicke (Verformungsdicke) in allen 3 Richtungen eine jeweils andere Hauptspannungsdifferenz erfaßt wird. Das heißt, die folgenden Aufnahmen ermöglichen nur einen qualitativen Vergleich.

3.5.2 Materialauswahl für spannungsoptische Untersuchungen

Als Modellwerkstoff für die spannungsoptischen Versuche wurde ein hochreines Epoxidharz verwendet, das kalt anhärtet und warm aushärtet. (Rütapox 0162 mit Härter SG). Dieses Harz wurde einerseits wegen der guten spannungsoptischen Eigenschaften nach /10/ und andererseits wegen der einfachen Verarbeitung gewählt.
Das Material weist eine äußerst geringe Vernetzungsschwindung auf. Der Elastizitätsmodul beträgt nach der hier gewählten Verarbeitung 3850 N/mm^2 (Vierpunktbiegung).

Die Werkstoffauswahl für alle getesteten Krafteinleitungselemente erfolgte von vornherein für die Verwendung im PUR-Strukturschaum.

Es wurden besonders zwei Kriterien bei der Auswahl berücksichtigt:

- Steifigkeit
- Schubfestigkeit der Grenzschicht zwischen Kunststoff und Schaum /9/.

Als Krafteinleitungselement-Materialien wurden für die Modellversuche verwendet:

Material	Elastizitätsmodul N/mm^2
PE	490
POM, PVC	3500
EP gewebeverstärkt	32000

Mit den verschieden steifen Werkstoffen lassen sich die Verformungsverhältnisse des eingeschäumten Krafteinleitungselements je nach seiner Lage zur Werkzeugwandung simulieren.

Bevorzugt wurde POM verwendet, da mit diesem Werkstoff nach /9/ die geringste Wandhaftung beim Einschäumen in PUR-Strukturschaum erreicht wird. Die Forderung nach geringer Wandhaftung war besonders wichtig, da in erster Linie das Verhalten bei Formschluß geprüft werden sollte.
Bei den spannungsoptischen Versuchen an den Grundformen wurde zusätzlich eine Probe aus PVC mit etwa dem gleichen E-Modul wie POM, aber guter Wandhaftung, eingesetzt, um den Einfluß zusätzlicher Wandhaftung auf die Spannungsverteilung bei belastetem Krafteinleitungselement zu untersuchen.

Beide Materialien liegen mit ihrem E-Modul etwa in der Größenordnung des E-Moduls des Gießharz-Modellwerkstoffes. Sie sind jedoch als sehr steif anzusehen, wenn man davon ausgeht, daß die Krafteinleitungselemente in die wenig belastbare Kernzone eines PUR-Strukturschaumteiles eingebracht werden.

Um ein ähnliches E-Modulverhältnis wie im späteren Einsatz zu erreichen, wurde für die Modellversuche noch ein Material hoher Steifigkeit ausgewählt (GF-EP). Dabei ist das Verhältnis der Steifigkeit der Krafteinleitungselemente aus GF-EP zur Steifigkeit des Gießharzmodellwerkstoffes etwa gleich dem Verhältnis von POM zu PUR-Strukturschaum in der Kernzone (eine lokale Dichte von ca.500 kg/m^3 des Schaumes angenommen).

$$\frac{E_{GF-EP}}{E_{Gießharz}} \simeq \frac{E_{POM}}{E_{PUR(Kernzone)}}$$

Außerdem wurde als Probenmaterial noch ein Werkstoff (PE) mit einer sehr viel geringeren Steifigkeit als das Gießharz ausgewählt. Die Ergebnisse mit der ersten vergossenen Probe waren jedoch so ungünstig, daß hiermit keine weiteren Versuche durchgeführt wurden.

Wegen der geringen Reproduzierbarkeit in der Erzeugung der Formteilwandschicht und der großen Unterschiede der mechanischen Eigenschaften innerhalb eines Schaumteils (Bild 14) /11/ wurden die Krafteinleitungselemente für die wenig belastbare Kernzone ausgelegt. Dies ist auch insofern sinnvoll, weil eine Verankerung in der kompakten Außenhaut eines Schaumteils nur dann gelingt, wenn diese relativ dünne Schicht das Krafteinleitungselement stets gleichmäßig umschließt. Das ist aber nur dann möglich, wenn für jede Wandstärke ein spezielles Krafteinleitungselement zur Verfügung steht.

3.5.3 Spannungsverteilungen an Grundformen

Der Aufbau der Versuche ist in Bild 15 wiedergegeben /12/. Die Bilder 16, 17 und 18 zeigen 3 Grundformen mit den zugehörigen spannungsoptischen Aufnahmen bei einer Last von 800 N. Man sieht deutlich, daß sich die größeren Spannungen an den scharfen Ecken direkt am Schaft ergeben. Die auskragenden Teile der Krafteinleitungselemente kommen wegen ihrer Verformung nicht zum Tragen. Auch ist gut zu erkennen, daß im Bild 18 hauptsächlich der obere Teil des Krafteinleitungselementes Last überträgt, während aufgrund der Längsausdehnung nur noch eine sehr geringe Flächenpressung am unteren Teil aufgebaut wird.
Bild 19 stellt das Verhalten eines Krafteinleitungselementes mit guter Wandhaftung (PVC) einem Teil mit schlechter Wandhaftung gegenüber /9/. Die Flächenpressung an den auskragenden Teilen ist äußerst gering. Dafür ergeben sich für die Schubspannung an der Krafteinleitungselement-Oberfläche Dehnungen, die zu deutlichen Spannungsringen im Bereich des Schaftes führen.
Diese zusätzlichen Lastübertragungsflächen lassen sich nur so weit ausnutzen, bis am Schaftoberteil die maximale Haftfestigkeit erreicht ist. Daran schließt sich ein Losbrechen der Haftschicht mit einer deutlichen Dehnungszunahme an. Insgesamt ist die Verankerung eines gut wandhaftenden Krafteinleitungselementes besser als die eines z.B. aus POM gefertigten Teils.

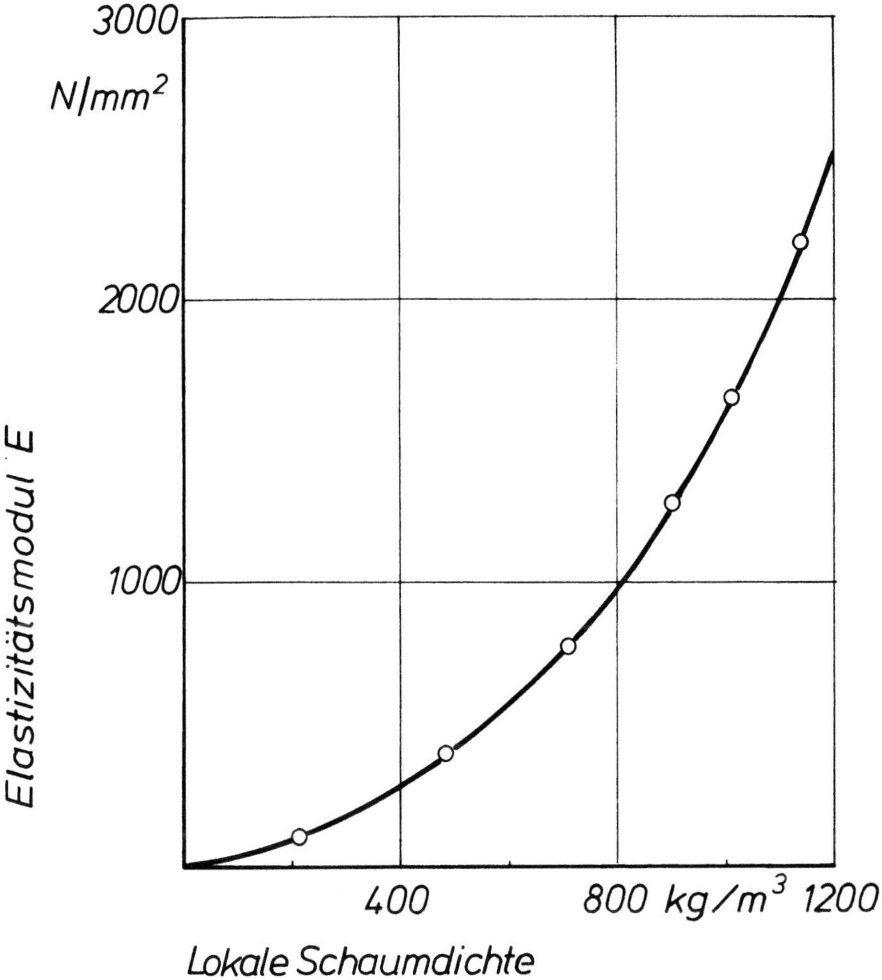

Bild 14: Elastizitätsmodul von PUR-Schaum

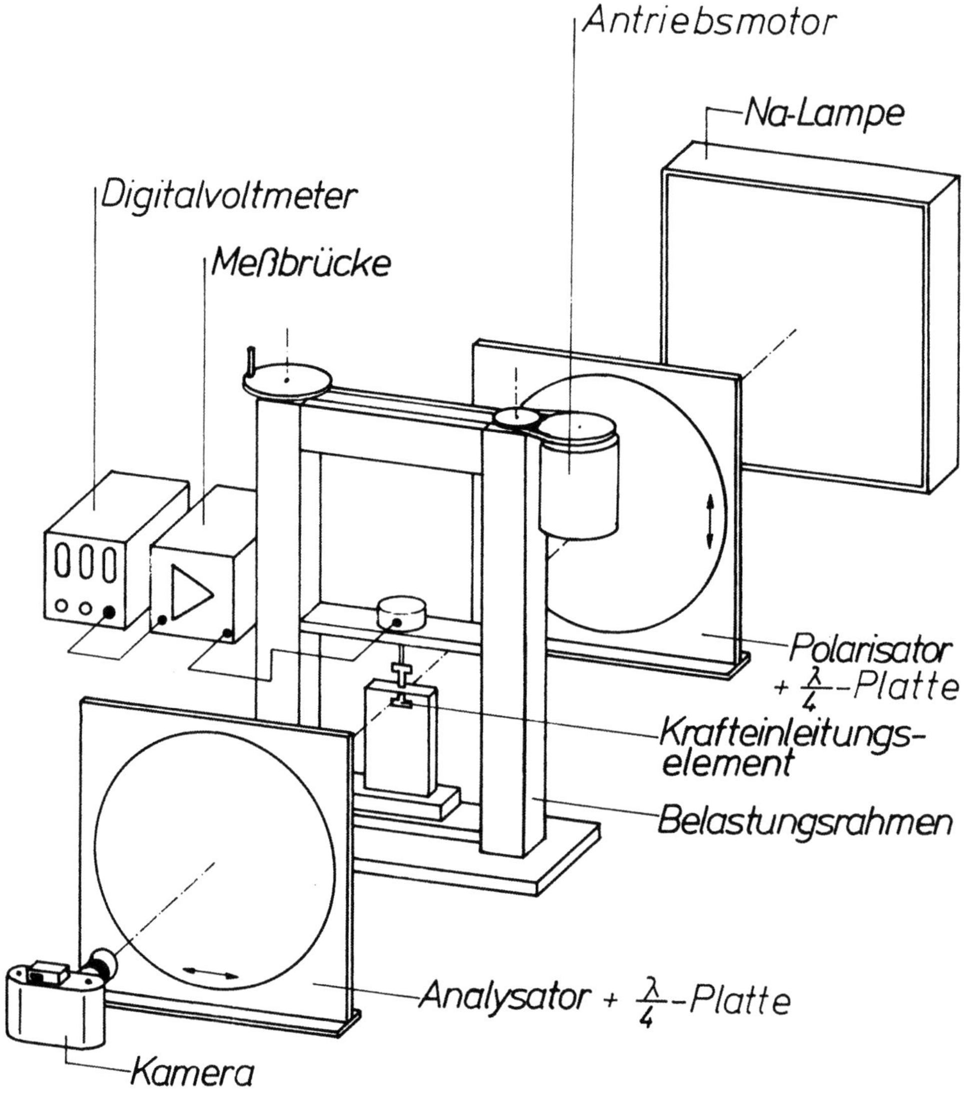

Bild 15: Aufbau der spannungsoptischen Versuche

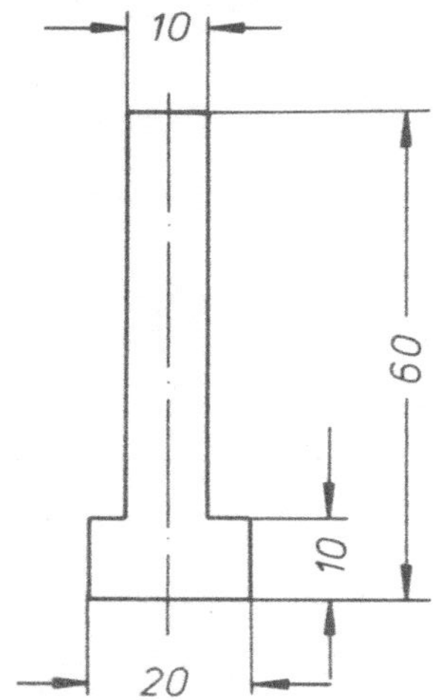

2 mm dick

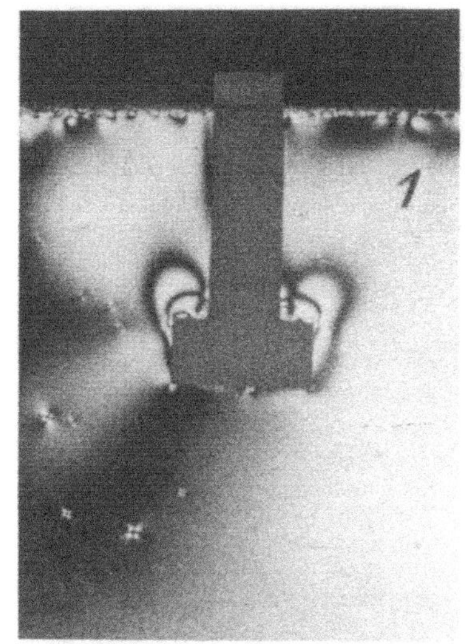

Last 800 N

Werkstoff POM

Bild 16: Grundform 1

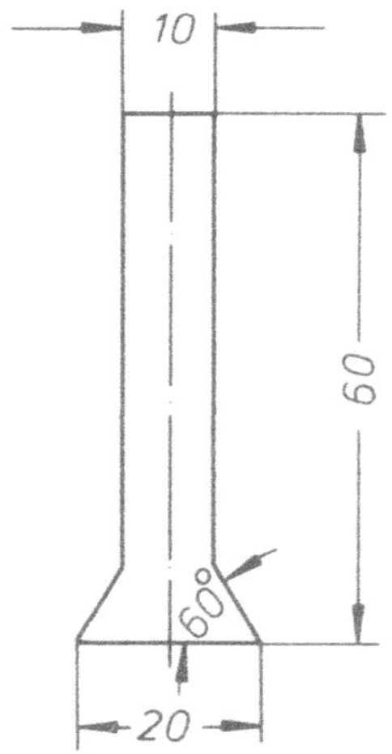

2 mm dick

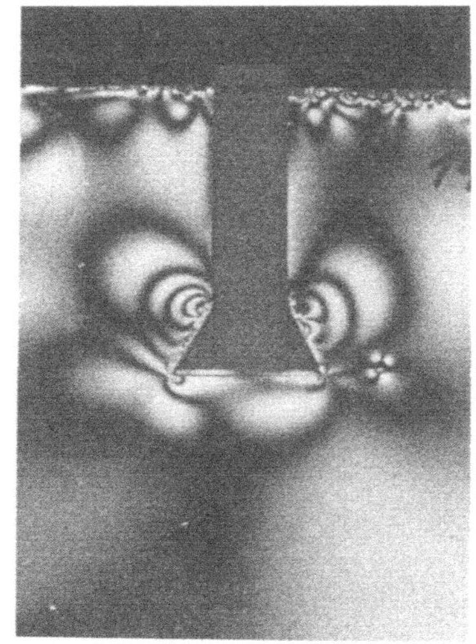

Last 800 N
Werkstoff POM

Bild 17: Grundform 14

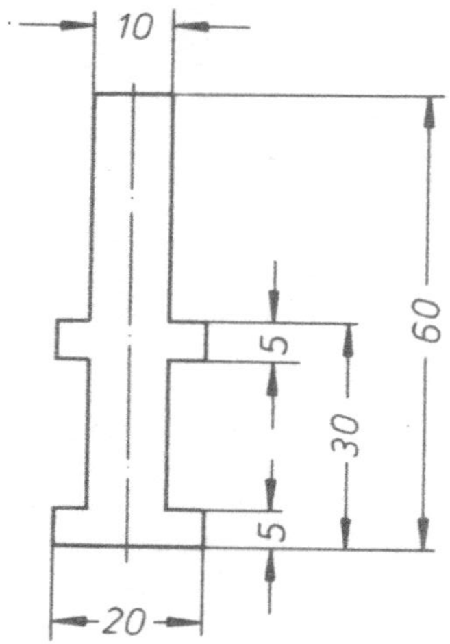

2 mm dick

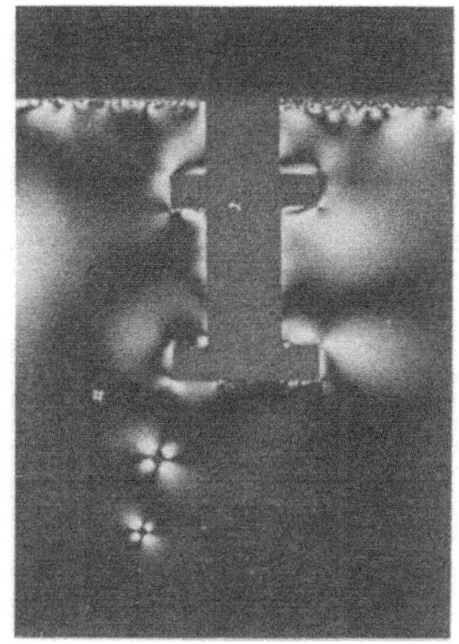

unbelastet

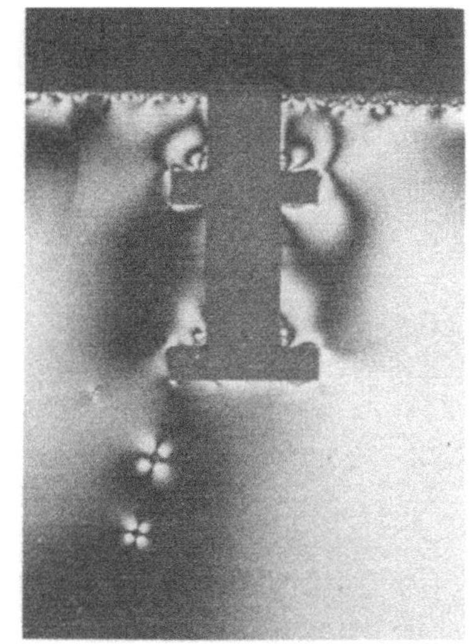

Last 800 N

Werkstoff POM

Bild 18: Grundform 7

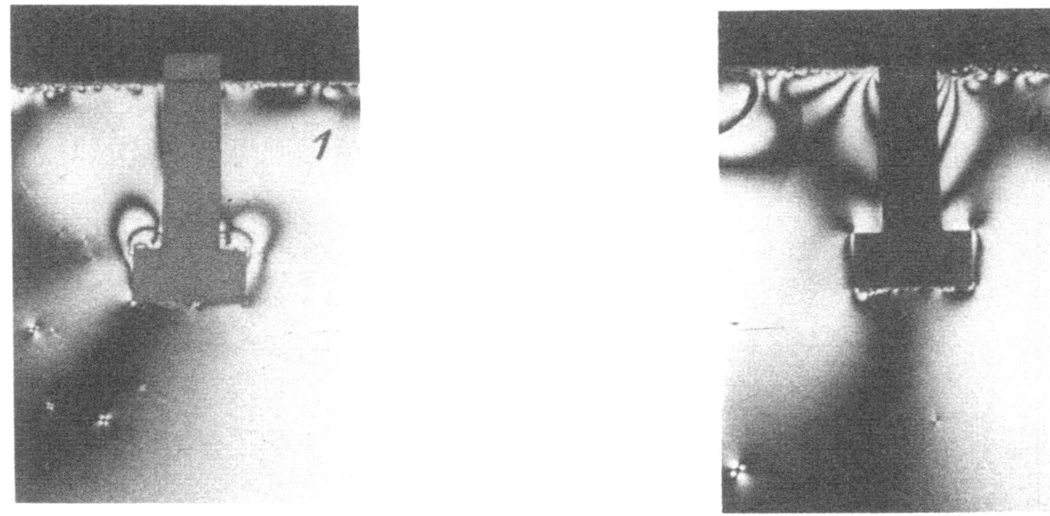

Last 800N

Werkstoff POM (schlechte Wandhaftung)

Werkstoff PVC (gute Wandhaftung)

<u>Bild 19:</u> Grundform 1 bei unterschiedlicher Wandhaftung

3.5.4 Dimensionierung eines Elementes mit gleichmäßiger Flächenpressung im Schaum

Durch die Längsdehnung der Krafteinleitungselemente übertrugen bei den Grundformen nur die oberen Bereiche nennenswerte Kräfte; oder anders ausgedrückt: diese Elemente führen bei Belastung zunächst im oberen Bereich des Schaums zu lokalen Werkstoffüberlastungen, die sich dann nach unten fortpflanzen. Deshalb muß die Form eines effektiven Krafteinleitungselementes so gestaltet werden, daß trotz der Längsdehnung und Querstauchung des Elementes auf der gesamten Oberfläche eine annähernd gleiche Flächenpressung auftritt. Erst wenn diese Anpressung auf der gesamten Fläche die Druckfestigkeit des Schaums übersteigt, treten Werkstoffschäden im Schaum auf.
Diese Druckfestigkeit, bei der ausschließlich reversible Verformungen vorkommen, ist nach /11/ bei einer Dehnung von ca. 0,5 % erreicht. Bei einer Gesamtdichte von 800 kg/m^3 erhält man in der Formteilmitte eine Dichte von ca. 600 kg/m^3 und somit nach Bild 14 einen Elastizitätsmodul von 570 N/mm^2. Daraus ergibt sich eine Druck-Schädigungsgrenze von 2,8 N/mm^2.
Das Krafteinleitungselement wird in einzelne Streifen aufgeteilt und von unten beginnend läßt sich der jeweils günstigste Winkel α_n berechnen (Bild 20) /12/.
Bei der Rechnung wurden folgende Vereinfachungen angenommen:

- Konstante Dicke des Krafteinleitungselementes
- Flächenpressung über der Krafteinleitungselement-Dicke konstant
- keine Geometrieänderungen durch Biegemomente im unteren Teil (durch die spannungsoptischen Versuche an dieser Form belegt)
- keine Wandhaftung
- E-Modul über der Krafteinleitungselement-Länge konstant

In die Berechnung der Krafteinleitungselement-Form gehen folgende Verformungen ein:

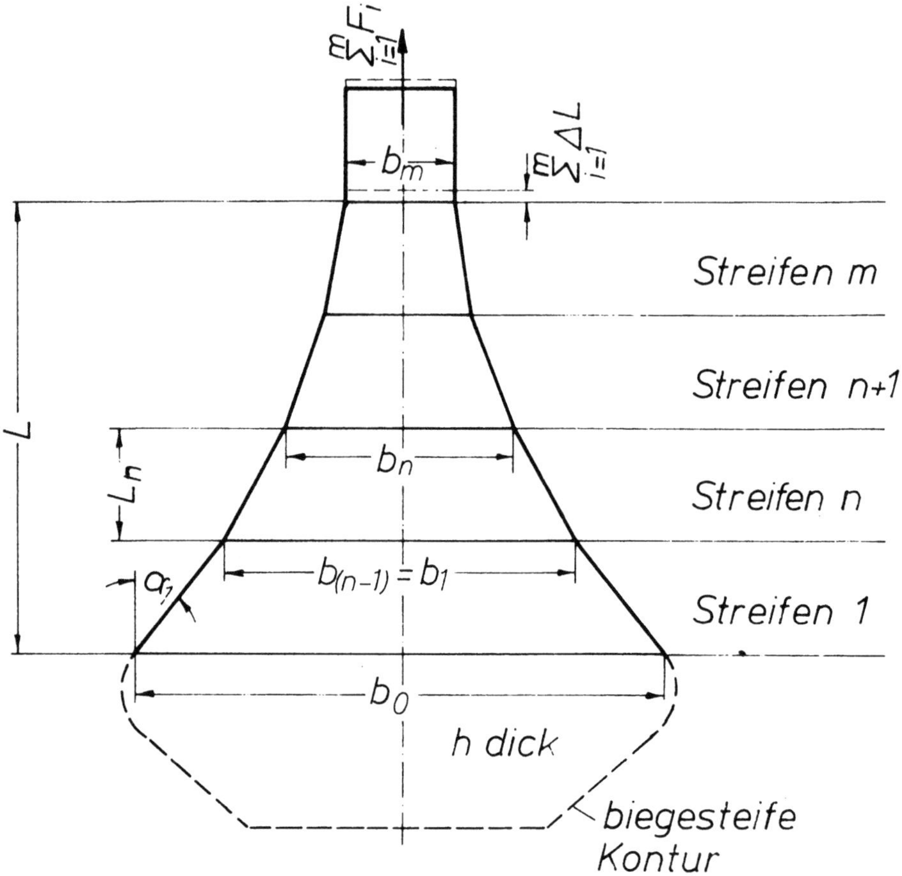

α_n wird durch die Berechnung so bestimmt, daß auf allen Streifen die gleiche Flächenpressung p herrscht.

Bild 20: Aufteilung eines Krafteinleitungselementes in Streifen

1. Längsdehnung aufgrund der äußeren Zugbelastung in Längsrichtung des Krafteinleitungselementes. Diese Längenänderung nimmt vom unteren Teil des Krafteinleitungselementes nach oben hin gemäß

$$\Delta L_1 = \frac{F}{4h \cdot E \cdot \tan\alpha\,(x)} \ln \frac{L}{x} \quad \text{zu.}$$

2. Querkontraktion infolge der Längenänderung. Diese hat über der gesamten Länge des Krafteinleitungselementes denselben Betrag

$$\Delta b_1 = -\nu \cdot \frac{F}{h \cdot E} \quad \text{also} \neq f\,(x)$$

3. Querstauchung durch die Flächenpressungskomponente Fq. Diese läßt sich zu

$$\Delta b_2\,(x) = \frac{F \cos\alpha\,(x) \cdot b(x)}{(L - x)\; 2 \tan\alpha\,(x) \cdot E \cdot h}$$

   formulieren.

4. Die Querstauchung (nach 3.) ruft eine Längsstreckung ΔL_2 hervor

$$\Delta L_2 = \nu \frac{F \cos\alpha\,(x)}{2 \tan\alpha\,(x)\; E\; h}$$

Aus diesen Beziehungen ist die gesuchte Funktion b (x) nicht explizit zu ermitteln, da mit α (x) eine weitere Variable gegeben ist.
Deshalb wurde schrittweise gerechnet. Bild 21 zeigt ein so bestimmtes Krafteinleitungselement für die Werkstoffpaarung POM (PVC, PETP)-Schaum. Dieses Element erreicht bei einer Zugkraft von 230 N den Bereich der ersten Druckschäden im Kernmaterial des verwendeten Schaums. Dieser Wert erscheint sehr niedrig, es ist aber zu bedenken, daß es sich hierbei um einen Langzeitwert handelt.

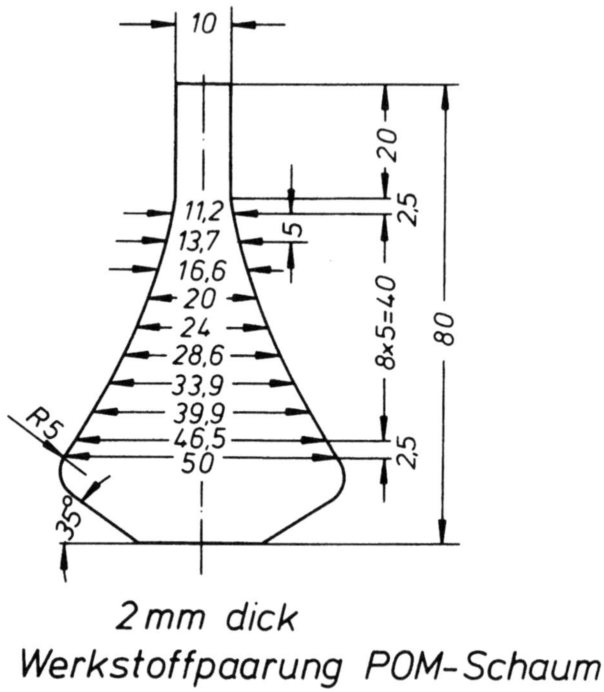

Bild 21: Probe für gleichmäßige Flächenpressung

3.5.5 Ergebnisse der Dimensionierung

Mit der schrittweisen Berechnung wurde das Krafteinleitungselement für die spannungsoptischen Versuche ausgelegt. Bild 22 zeigt den Vergleich zwischen einem Krafteinleitungselement in der Grundform 1 (wie sie bei allen handelsüblichen Elementen vorliegt) und der nach dem oben genannten Verfahren ermittelten Form. Man sieht deutlich, daß keine lokale Spitzenlasten auftreten. Bild 23 zeigt am Beispiel der Paarung gleichsteifer Bauteile eine etwas ungünstigere Krafteinleitung. Dies bedeutet für den Einsatz der Krafteinleitungselemente im Schaum, daß die berechnete Form für Materialien stark unterschiedlichen E-Moduls sehr gut geeignet ist.

In der Natur vorkommende Krafteinleitungsprobleme zeigen, daß die schrittweise berechnete Kontur sehr gut für punktförmig angreifende Kräfte, die von einer weichen Grundmasse aufgenommen werden sollen, geeignet ist (Bild 24). Das Bild zeigt im Vergleich das berechnete Element und das Schulterblatt eines Hasen.

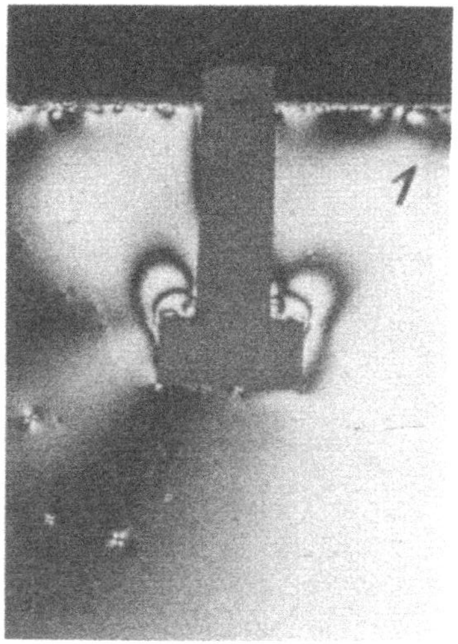

Last 800 N
Werkstoff: POM
Grundform 1

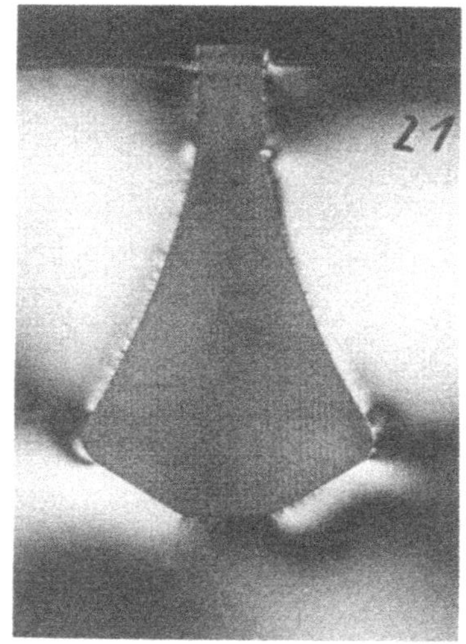

Last 800 N

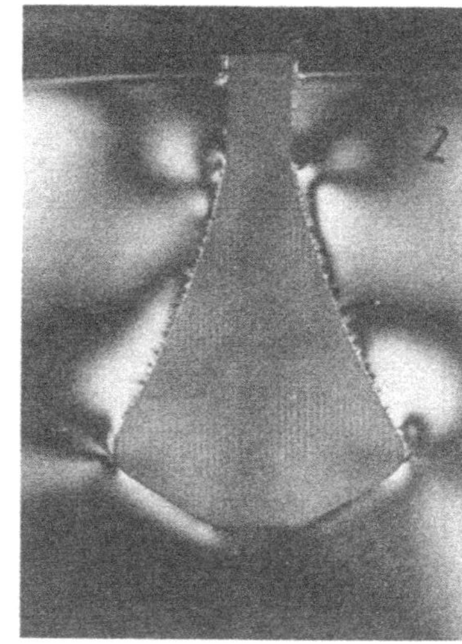

Last 2000 N

Werkstoff: EP gewebeverstärkt
durch schrittweise Rechnung ermittelte
Form

<u>Bild 22:</u> Verschieden gute Krafteinteilungen

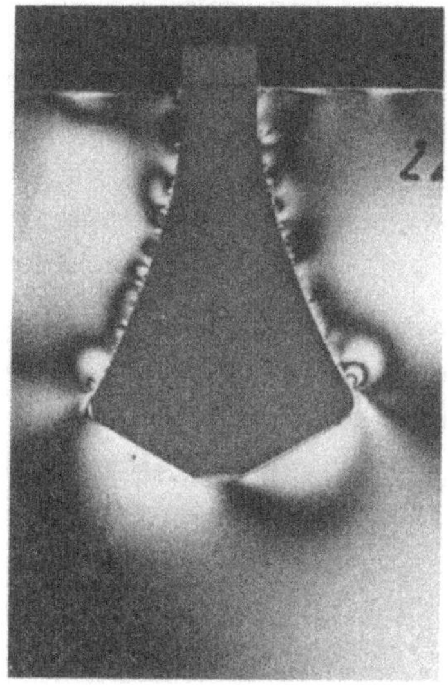

Last 800 N

Werkstoff POM

Bild 23: Krafteinleitung bei vergleichbar steifen Werkstoffen

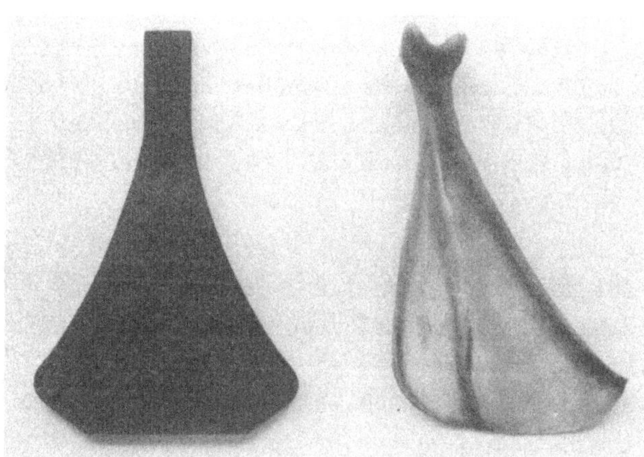

Bild 24

Messung der Ausreißkraft:

Die eingeschäumten Proben wurden mit konstanter Geschwindigkeit aus dem PUR-Schaumteil herausgezogen. Last und Weg wurden dabei gleichzeitig aufgezeichnet. Der Weg setzt sich dabei aus der Verlagerung des Krafteinleitungselementes im Schaum sowie zu einem relativ kleinen Teil aus der Dehnung des Elementes zusammen.

In Bild 25 ist die Ausreißkraft über dem Verfahrweg aufgezeichnet. Man erkennt einen relativ steilen Kraftanstieg bis knapp 400 N mit nachfolgendem Zusammenbruch. Diese Stelle kennzeichnet die Überwindung der Wandhaftung. Die Kraft sinkt fast wieder auf 0 ab, woraus geschlossen werden kann, daß im Schaum schon eine Schädigung aufgetreten war.
Nach Überwindung der Wandhaftung steigt die Zugkraft langsam bis zu einem Wert von ca. 1500 N an und fällt dann wieder ab bis auf 0 beim Austritt des Krafteinleitungselementes aus dem Schaumstoff. Der zu erkennende leichte Knick bei ca. 1100 N kennzeichnet die Stelle, an der das tragende Profil des Krafteinleitungselementes die kompakte Außenhaut durchbricht.

Bei diesem Versuch handelt es sich um einen reinen Kurzzeitversuch, wie er auch zur Bestimmung von Schraubenausreißkräften /13/ Anwendung findet.

Untersuchung der Schaumstoffschädigung:

Hierfür erfolgte eine Belastung der Probe kontinuierlich bis zur Losbrechkraft zur Überwindung der Wandhaftung. Die Probe wurde entlastet und das Spiel des Krafteinleitungselementes im Schaum mit Hilfe des Wegaufnehmers gemessen. Die Messung erfolgte nach dem folgenden Verfahren:

Der Querbalken wurde nach unten verfahren bis sich die Schneide des Gehänges aus der Pfanne hob, an dieser Stelle war gewährleistet, daß das Krafteinleitungselement unten in der Probe aufsaß. Da die Kraftanzeige so geeicht war, daß sie mit dem Gewicht des Gehänges 0 N anzeigte, erfolgte in diesem Falle eine Anzeige < 0. Jetzt wurde der Querbalken mit konstanter Geschwindigkeit wieder nach oben verfahren. Dabei erreichte die Kraftanzeige wieder den Nullpunkt beim Abheben des Krafteinleitungselementes vom Probengrund.

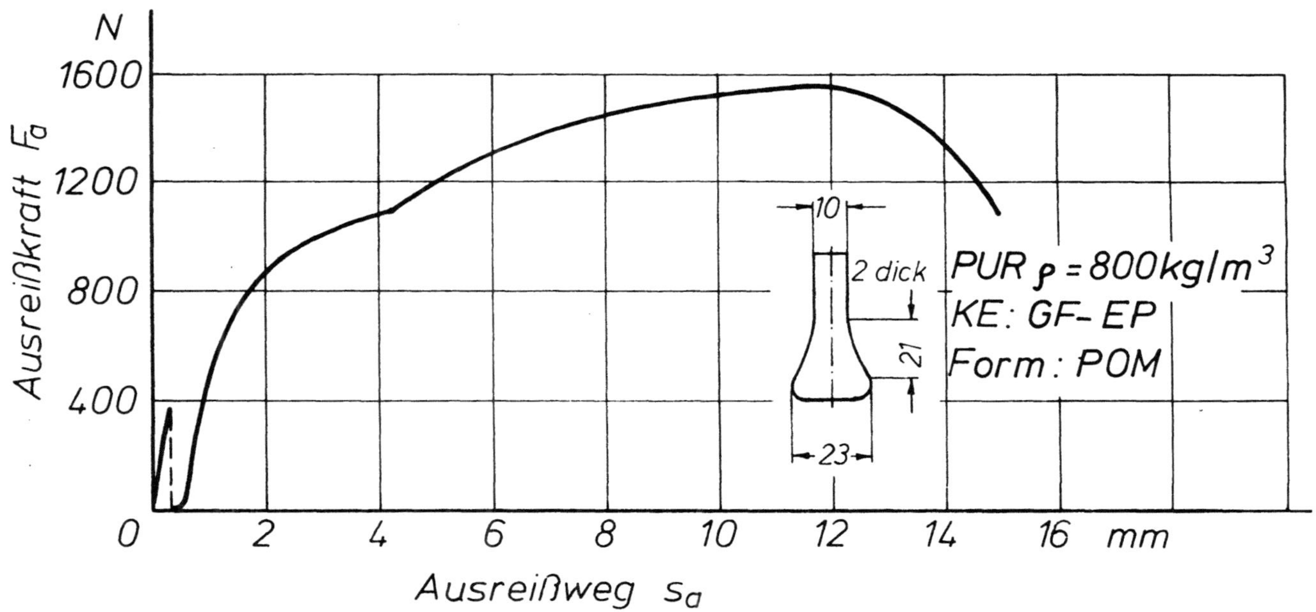

Bild 25: Ausreißkraft eines Krafteinleitungselementes in PUR-Strukturschaum

Nach einem weiteren Verfahrweg ohne Kraftzunahme, dem gesuchten Spiel, erfolgte ein steiler Kraftanstieg bei Erreichen der oberen Schaumwandung durch das tragende Profil des Krafteinleitungselementes.

Nach der Messung erfolgte eine Belastung mit 100 N und dann jeweils um 50 N steigend bis 900 N. Gemessen wurde das Spiel jeweils sofort nach Erreichen der gewünschten Belastung mit nachfolgender Entlastung sowie nach einer Dauerbelastung von ca. 15 Stunden.

In Bild 26 ist die Ausreißkraft über dem Spiel eingetragen. Man erkennt, daß das Spiel progressiv steigend größer wird und daß eine längere Belastung ein größeres Spiel bewirkt, beide nähern sich asymptotisch einem Grenzwert, der im ersten Versuch gemessenen Ausreißkraft. Interessant ist, daß kein plötzliches Zusammenbrechen des Schaumes beobachtet werden kann.

Nach der zugrunde gelegten Druckschädigungsgrenze von 2,8 N/mm^2 hätte bei diesem Versuch eine Schädigung des Schaumes bei 60 N auftreten müssen. Hier ist auch bereits ein leichtes Spiel des Krafteinleitungselementes zu beobachten, ein Zeichen dafür, daß der Schaum bereits verformt wurde.

3.6 Auslegung von räumlichen Krafteinleitungselementen

Aus den Erkenntnissen der Versuche mit zweidimensionalen Krafteinleitungselementen und der Schraubenauszugsfestigkeiten ergab sich die Form nach Bild 27. Hinzu kam die spritzgußtechnische Gestaltung des Elements und die Randbedingung, daß diese in PUR-Hartschaumplatten der Dicke von $>$ 25 mm eingeschäumt werden sollten. Die Bohrung für die selbstschneidenden Blechschrauben ist am oberen Ende erweitert. Diese Hinterschneidung ermöglicht es, die Elemente in der Schäumform auf einen Dorm zu schnappen und sie somit zu fixieren.

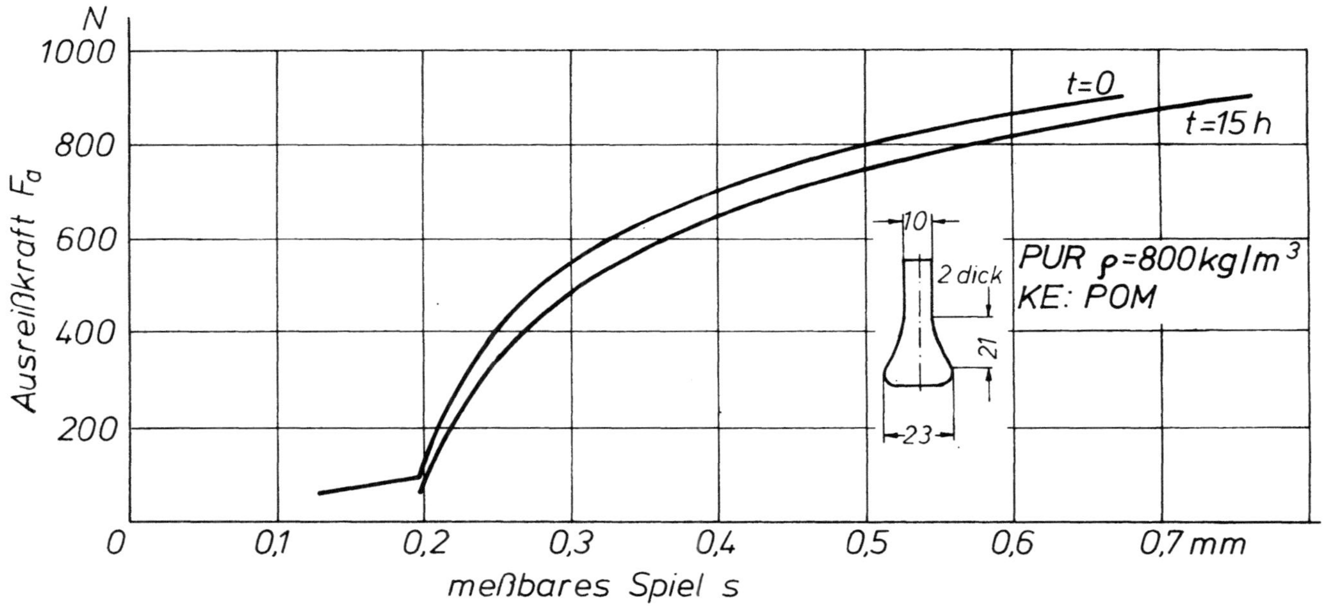

Bild 26: PUR-Schaumschädigung durch belastetes Krafteinleitungselement

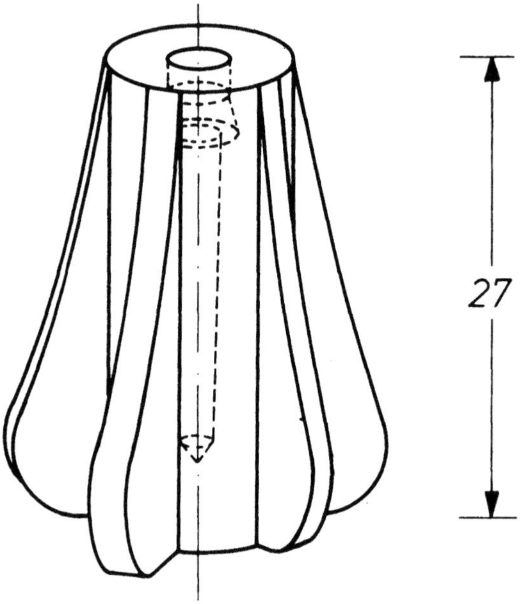

Bild 27: Räumliches Krafteinleitungselement

Werkstoffauswahl für Krafteinleitungselemente

Die Krafteinleitungselemente wurden aus folgenden Werkstoffen spritzgegossen:

Material	Elastizitätsmodul N/mm^2
GF_{20}-PP	3200
ABS	2400
PA 66 spritzfrisch	3200
PA 66 2,5 % H_2O	2000
POM	3500

und in PUR-Hartschaumplatten (200 x 120 x 30) mit einer Rohdichte von $\rho \approx 475$ kg/m^3 eingeschäumt (Bild 28).

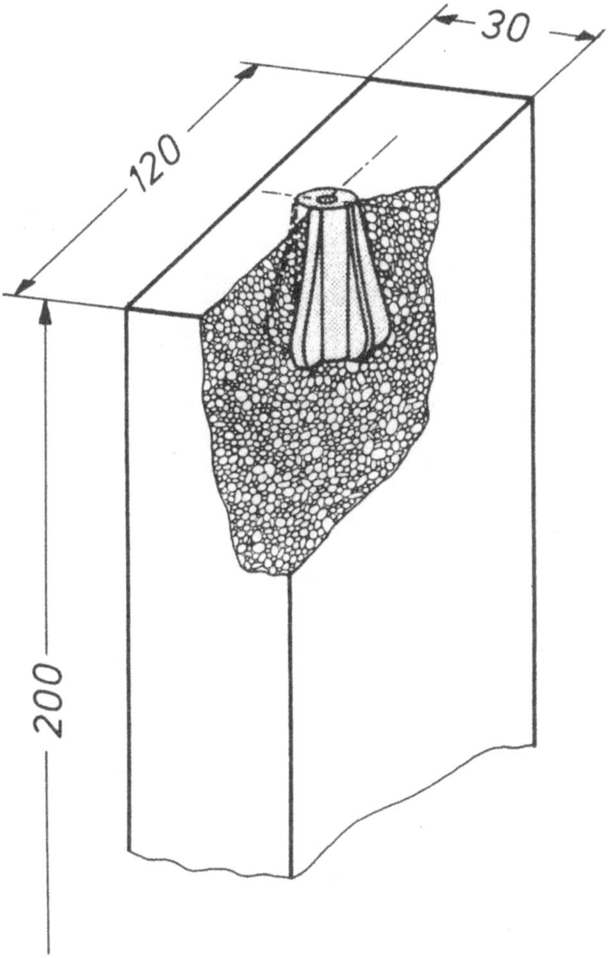

Bild 28: Spritzgegossenes KE-Element in PUR-Hartschaum

4. Festigkeitsverhalten der Verbindung KE in PUR-Hartschaum

Die tragenden Flanken des KE wurden für eine Belastung von 250 N ausgelegt.

Aus Vorversuchen ergab sich, daß oberhalb dieser Belastung die Blechschrauben Ø 4,2 aus den ABS und GF_{20}-PP-KE infolge Kriechens herausgezogen wurden.
Deshalb wurde eine zweite Befestigungsart für die Krafteinleitung Schraube-KE für die Untersuchungen gewählt um den Kriecheinfluß der Schraube in der Verbindung möglichst gering zu halten (Bild 29).

In den folgenden Versuchen ist die Befestigungsart jeweils angemerkt.

Anzahl der Proben

Schraffierte Bereiche werden durch maximalen und minimalen Wert des Probenkollektivs begrenzt. Balken im schraffierten Bereich geben den arithmetischen Mittelwert wieder.

Kurvenzüge stellen das Verhalten einer Verbindungsart (1 Probe) dar.

Kurzzeitzugversuch

10 Proben je Verbindungsart KE-PUR-Hartschaum.

Langzeitzugversuch bei RT

6 Proben je Verbindungsart KE-PUR-Hartschaum und Kraft

Langzeitzugversuch bei 60°C

6 Proben je Verbindungsart KE-PUR-Hartschaum und Kraft

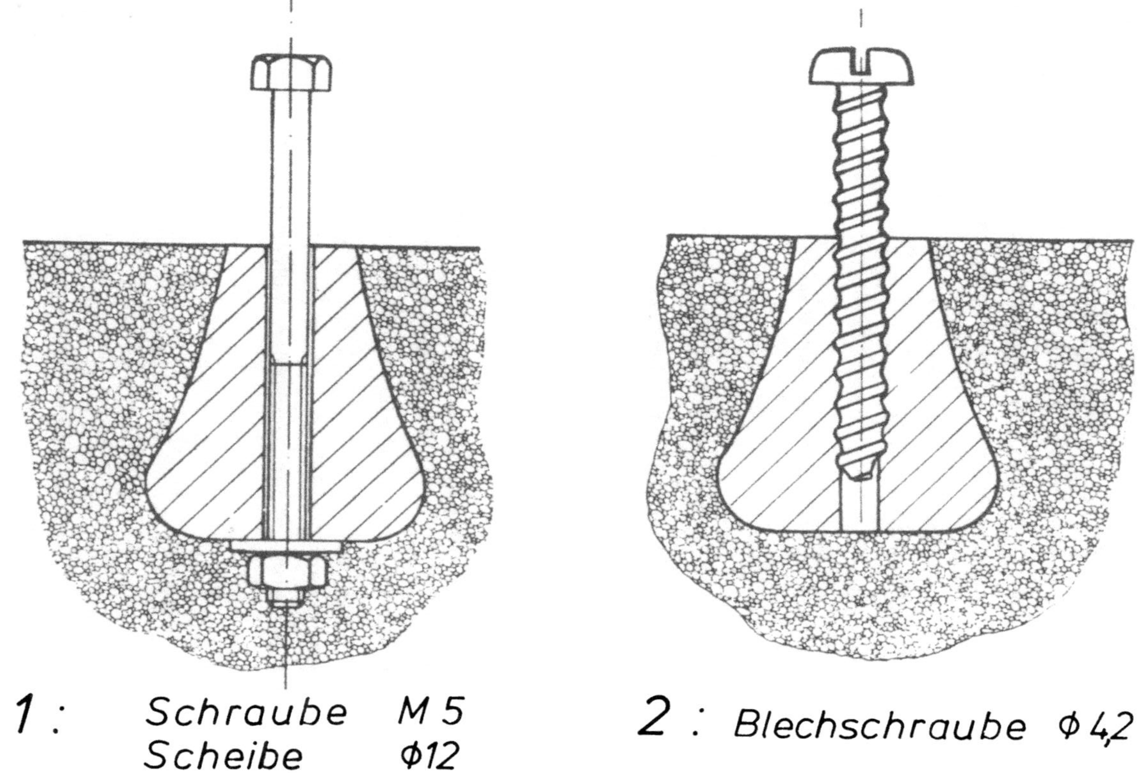

<u>Bild 29:</u> Krafteinleitung Schraube-KE
Befestigungsarten

Langzeitversuch bei wechselnder Temperatur

$\overline{\vartheta}_1 = 40^{o}C$: max 6 Proben je Verbindungsart KE-PUR-Hartschaum und Kraft
min 3 Proben, wenn Probe bei $\overline{\vartheta}_2 = 65^{o}C$ bis $t = 10^{3}h$ noch nicht zerstört war.

$\overline{\vartheta}_2 = 65^{o}C$: 3 Proben je Verbindungsart KE-PUR-Hartschaum und Kraft.

Dauerschwingversuch

6 Proben je Verbindungsart KE-PUR-Hartschaum und Kraft.

Kraftbereich: 500 bis 5000 N.
Kraftstufen: 500 N

4.1 Kurzzeitversuche: Messung der Auszugskräfte

In den Bildern 30 bis 38 sind die Auszugskräfte und das Auszugsverhalten der einzelnen Krafteinleitungselemente aus den PUR-Proben dargestellt.

Die Wandhaftung wurde nur bei POM-KE sehr früh aufgehoben. Dieser Sprung der Kurve, wie in Bild 25, ist aber bei dem gewählten Maßstab für $F_a = f\ (s_a)$ und der hohen Auszugsgeschwindigkeit von $v_z = 10$ mm/min (Bild 31) nicht zu erkennen. Alle POM-KE wurden ohne sichtliche Formänderung aus der PUR-Probe unbeschädigt herausgezogen, wobei der PUR-Schaum in den meisten Fällen bei einem Auszugsweg > 10 mm an der kompakten Außenschicht aufbrach (Bild 32).

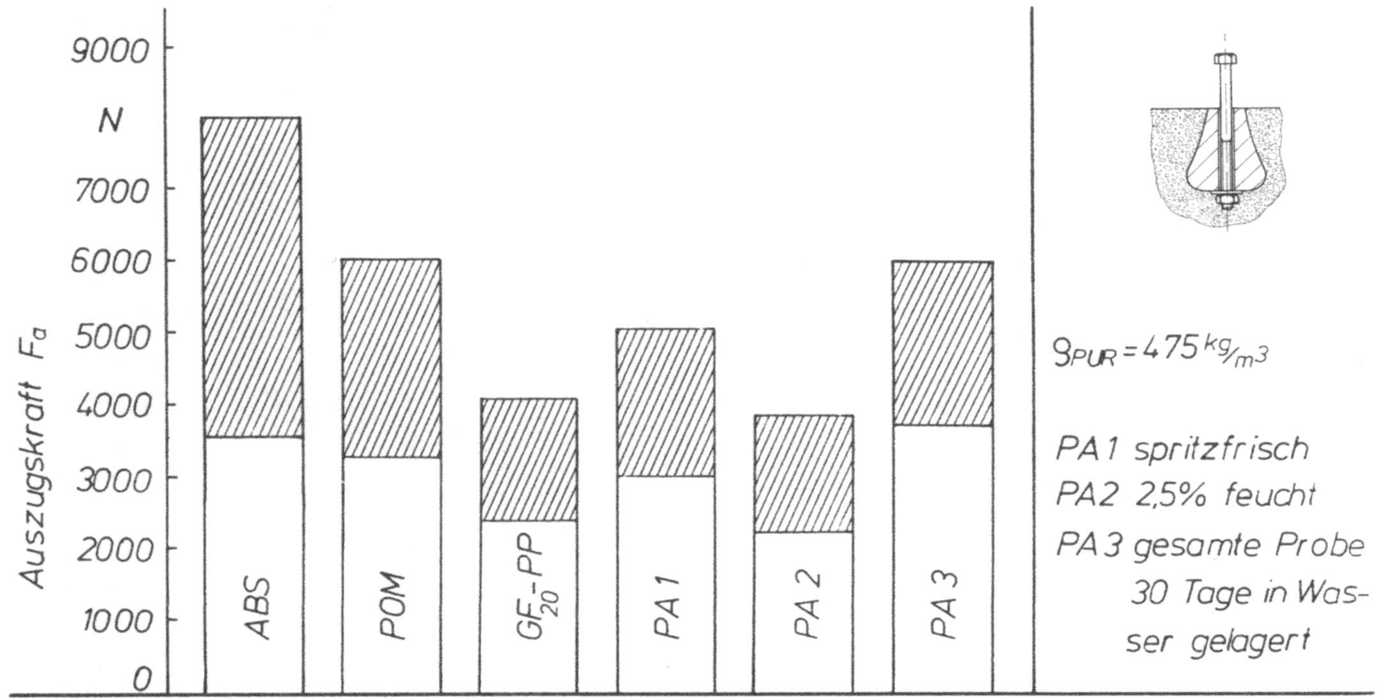

<u>Bild 30:</u> Auszugskräfte verschiedener Krafteinleitungselemente aus PUR-Hartschaum

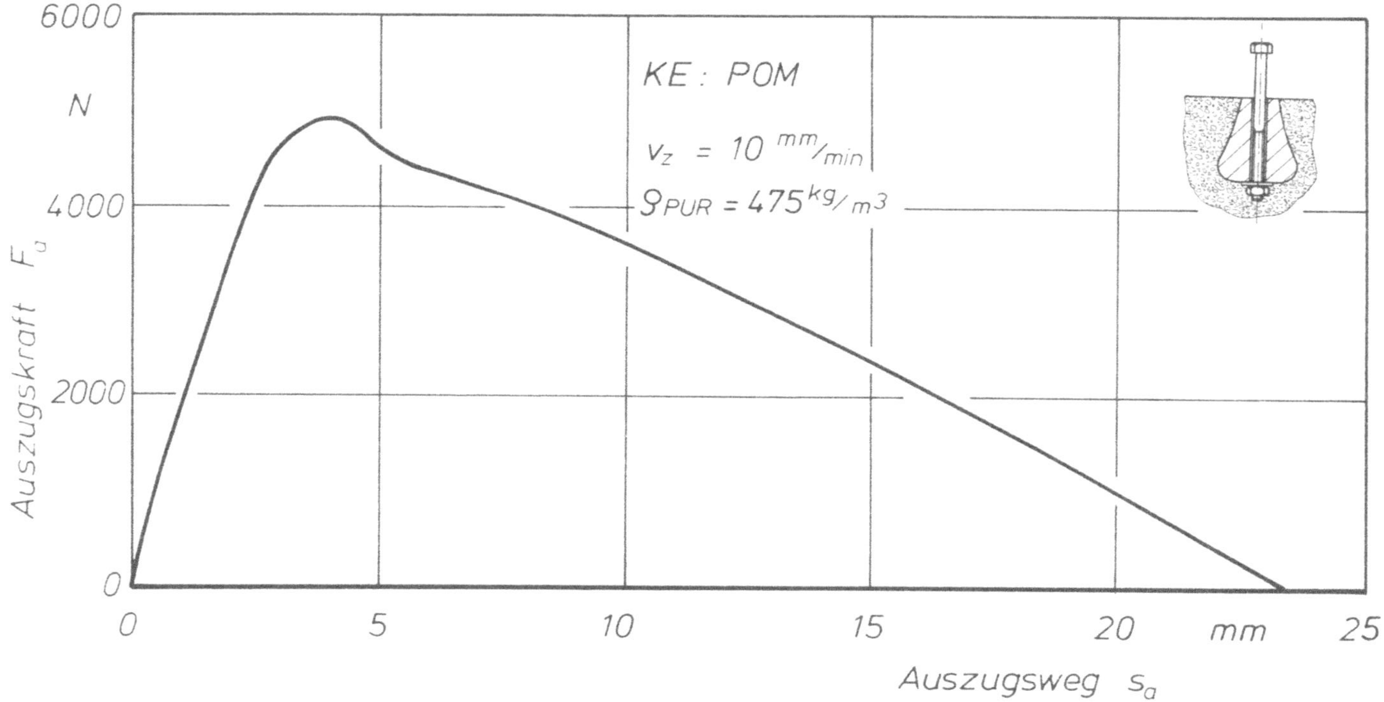

Bild 31: Auszugskraft F_a von spritzgegossenen KE in PUR-Hartschaum

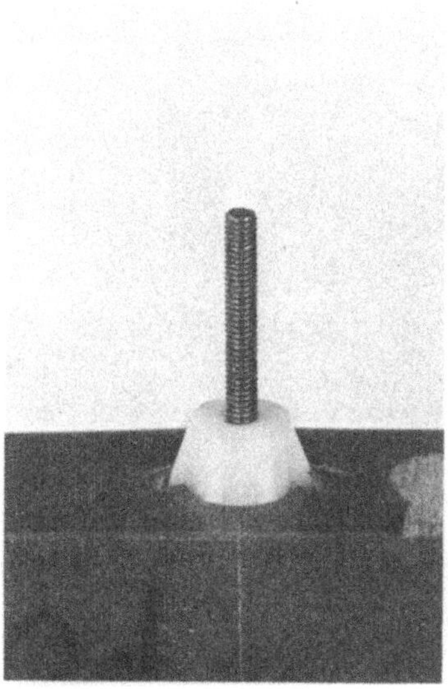

Bild 32

Die tragenden Flanken der GF-PP-KE hingegen wurden beim Herausziehen sehr stark deformiert, was auf die geringe Steifigkeit des Materials zurückzuführen ist (Bild 33).

Bild 33

Der flacheren Anstieg der $F_a = f\ (s_a)$-Kurve (Bild 34) läßt das Zusammendrücken der Flanken und damit die Verkleinerung der tragenden Flankenfläche ebenfalls erkennen.

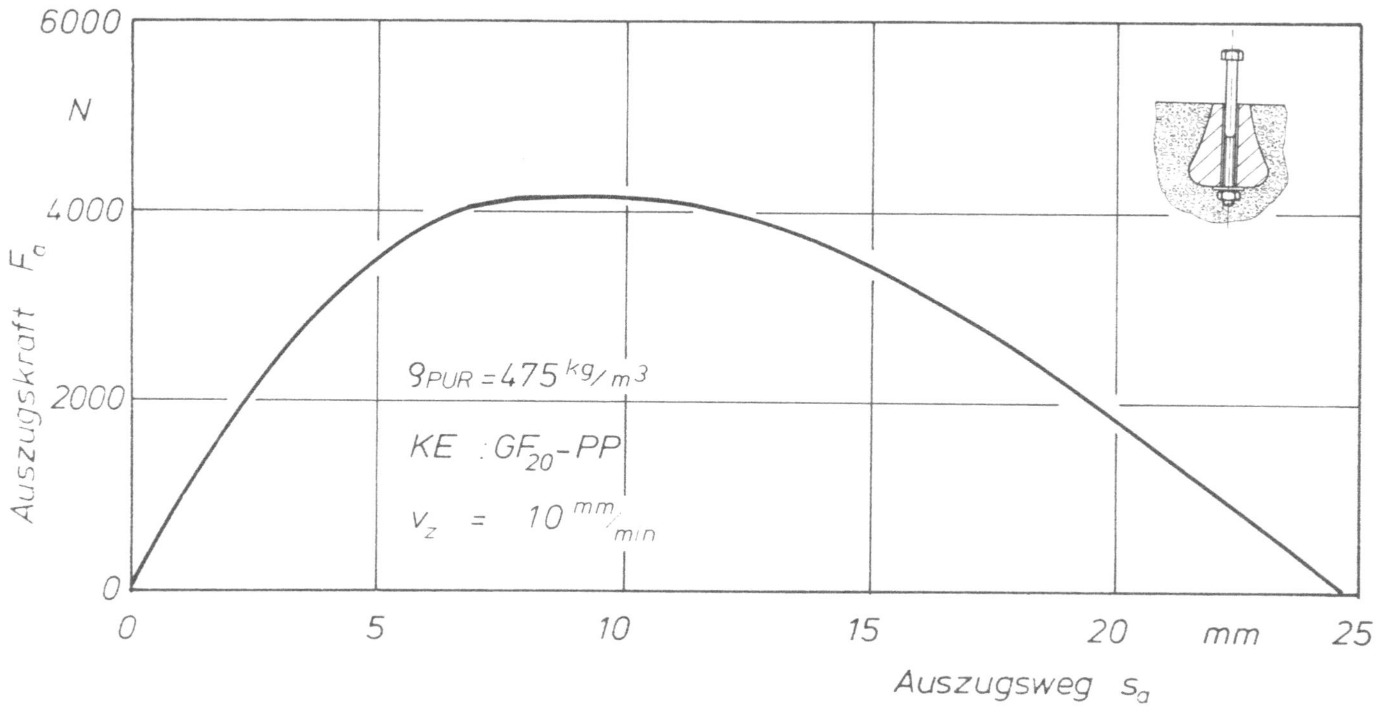

<u>Bild 34:</u> Auszugskraft F_a von spritzgegossenen KE in PUR-Hartschaum

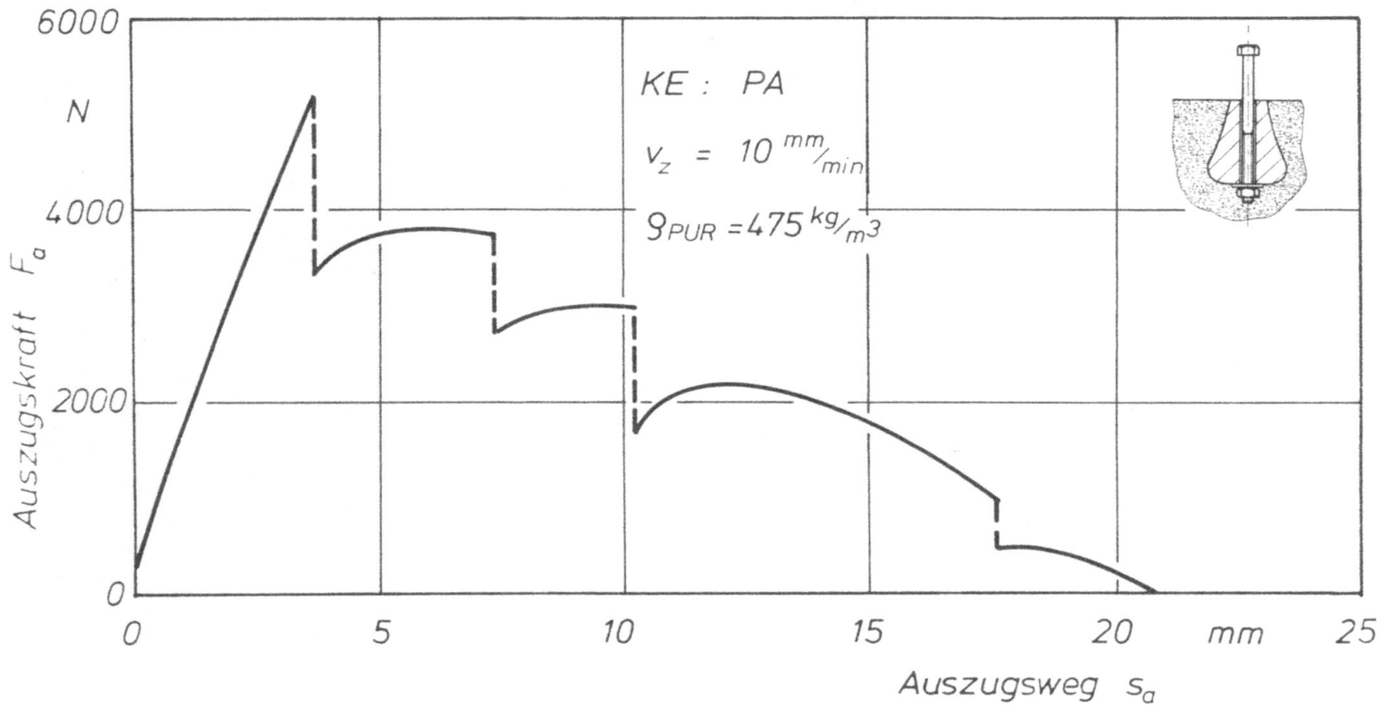

Bild 35: Auszugskraft F_a von spritzgegossenen KE in PUR-Hartschaum

Wie die Auszugskurve in Bild 35 deutlich macht, wird das PA-KE völlig zerstört (Bild 36).

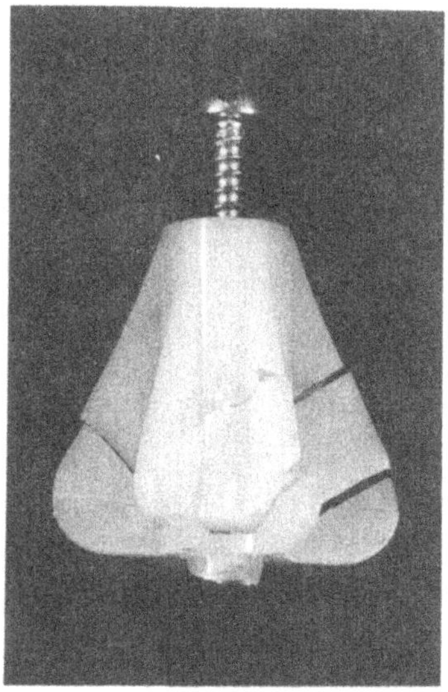

Bild 36

Sobald aber die gesamte Probe mit eingeschäumten PA-KE in Wasser einige Tage konditioniert wird, ist das Auszugsverhalten ähnlich wie bei GF-PP-KE und die tragenden Flanken werden beim Herausziehen aufgrund der geringeren Steifigkeit infolge der Konditionierung verbogen (Bild 37).

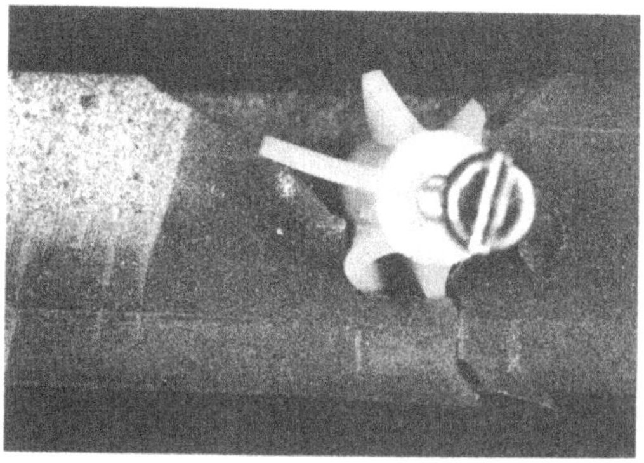

Bild 37

Die hohe Auszugsfestigkeit für ABS-KE hat mehrere Gründe:

- einmal bleibt die Wandhaftung zwischen KE und PUR-Schaum bis zur Zerstörung der Probe bestehen
- weiterhin wird aufgrund der geringen Härte und des geringen E-Moduls der zylindrische Teil des KE durch die Unterlegscheibe nach außen hin aufgeweitet, so daß die Flächenpressung zwischen KE und PUR-Schaum erhöht wird.

Bei $s_a > 5$ mm versagt der Schaum und die tragenden Flanken des KE werden am zylindrischen Mittelteil abgeschert (Bild 38).

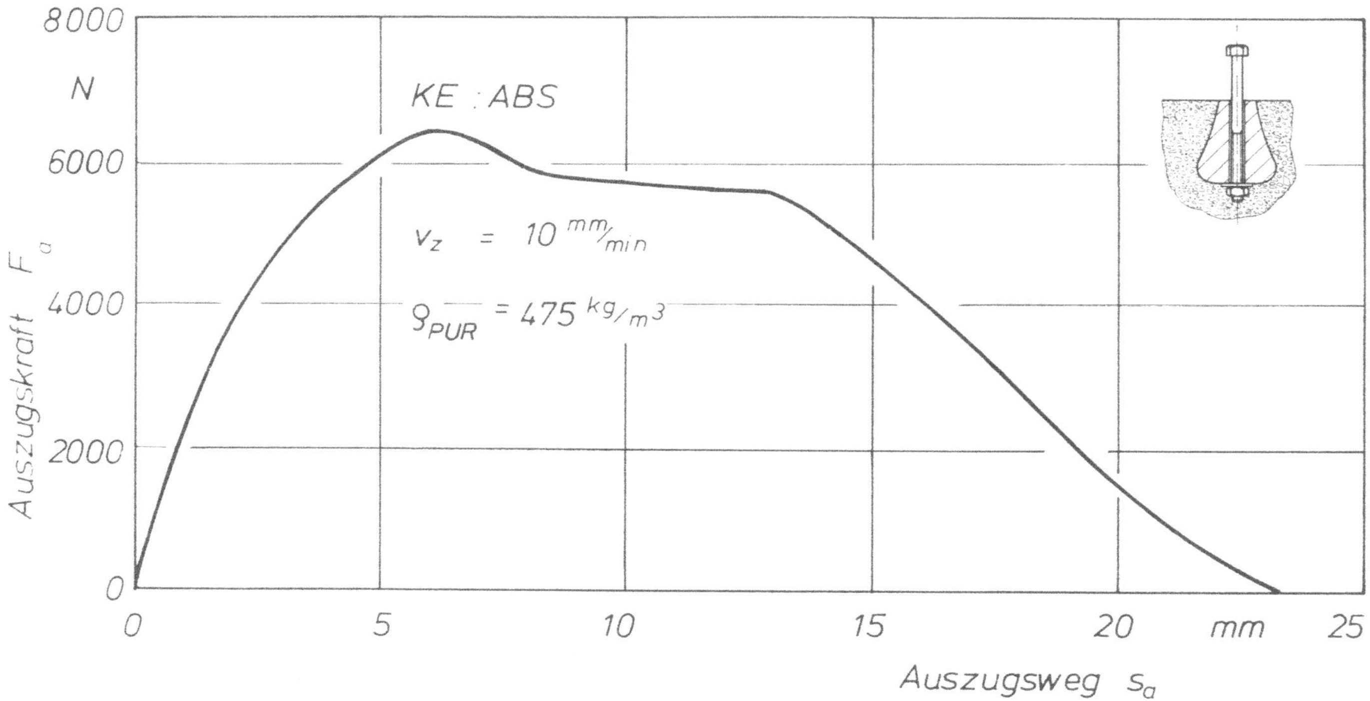

Bild 38: Auszugskraft F_a von spritzgegossenen KE in PUR-Hartschaum

4.2 Langzeitversuche

4.2.1 Langzeitzugversuch bei RT

Die Längenänderung zwischen Schraubenkopf und Probenmitte der 200 mm langen Schaumplatten (Bild 28) wurde mittels anklemmbaren DMS-Weggebern gemessen. In einer Zeit-Dekade werden mit dem verwendeten prozeßrechnergesteuerten Meßstand jeweils 7 Messungen durchgeführt.
In den Bildern 39 bis 43 sind die Ergebnisse dieser Versuche dargestellt.

Die Dehnungen setzten sich aus der Längenänderung von KE zu PUR-Hartschaum und KE-Schraube additiv zusammen.
Infolge des olefinischen Charakters der Oberfläche von POM-KE ist die Streubreite bei den Dehnungen sehr hoch (Bild 39). Die Längenänderung Δl tritt nur zwischen KE und Schaum auf, da die Verbindung KE-Schraube nicht zum Kriechen neigt.

In Bild 40 sind die Kriechvorgänge für drei verschieden hoch belastete Proben noch einmal im einzelnen dargestellt. Die Wandhaftung wird schon beim Aufbringen der Last aufgehoben. Bis zu 100 h (Belastung 1000 N) oder 10 h (Belastung 2000 N) werden die Schaumzellen oberhalb der tragenden Flanken und in unmittelbarer Umgebung deformiert. Der plötzliche Anstieg der Dehnung wird durch den Riß der kompakten Haut, die sich beim Umschäumen des KE auf dessen Oberfläche gebildet hat, verursacht. Dieser Riß entsteht immer an den Kanten der tragenden Flächen des KE. Sobald die kompakte PUR-Haut vom KE durchbrochen ist, erfolgt ein Herausschälen des KE aus dem Schaum (siehe Bild 32) und es kommt somit zu einem schnelleren Versagen der Verbindung. Aber es muß darauf hingewiesen werden, daß der völlige Zusammenbruch oft erst nach einem größeren Zeitraum als eine Zeitdekade erfolgt.
Dieser Dehnungsverlauf kann aber nur bei POM-KE beobachtet werden, da die Haftung sehr gering ist.

Die Längenänderung Δl der Verbindung PA-KE in PUR-Hartschaum tritt ebenfalls wie bei POM-KE nur innerhalb des Schaums auf (Bild 41). Bei hoher Haftung zwischen KE und Schaum ist die Kriechneigung sehr gering (unterer Bereich der Dehnungen im jeweiligen Lastbereich). Sobald aber die Haftung aufgehoben ist, kommt es zum Herausschälen des KE aus dem Schaum (oberer Bereich der Dehnungen im jeweiligen Lastbereich) wie bei POM-KE oder auch zur Zerstörung der Elemente, wenn die Haftung zuerst im oberen Teil der KE ver-

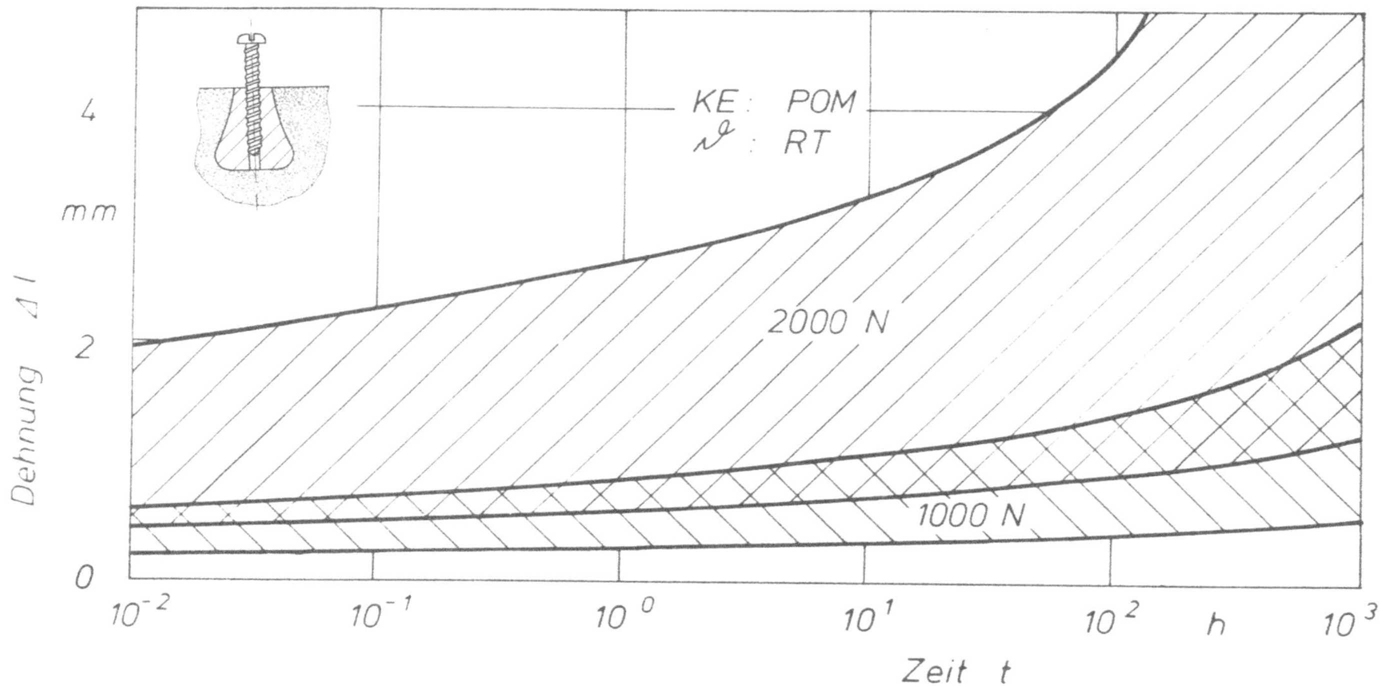

Bild 39: Langzeitdehnung Δl von spritzgegossenen KE in PUR-Hartschaum (ϱ = 475 kg/m^3)

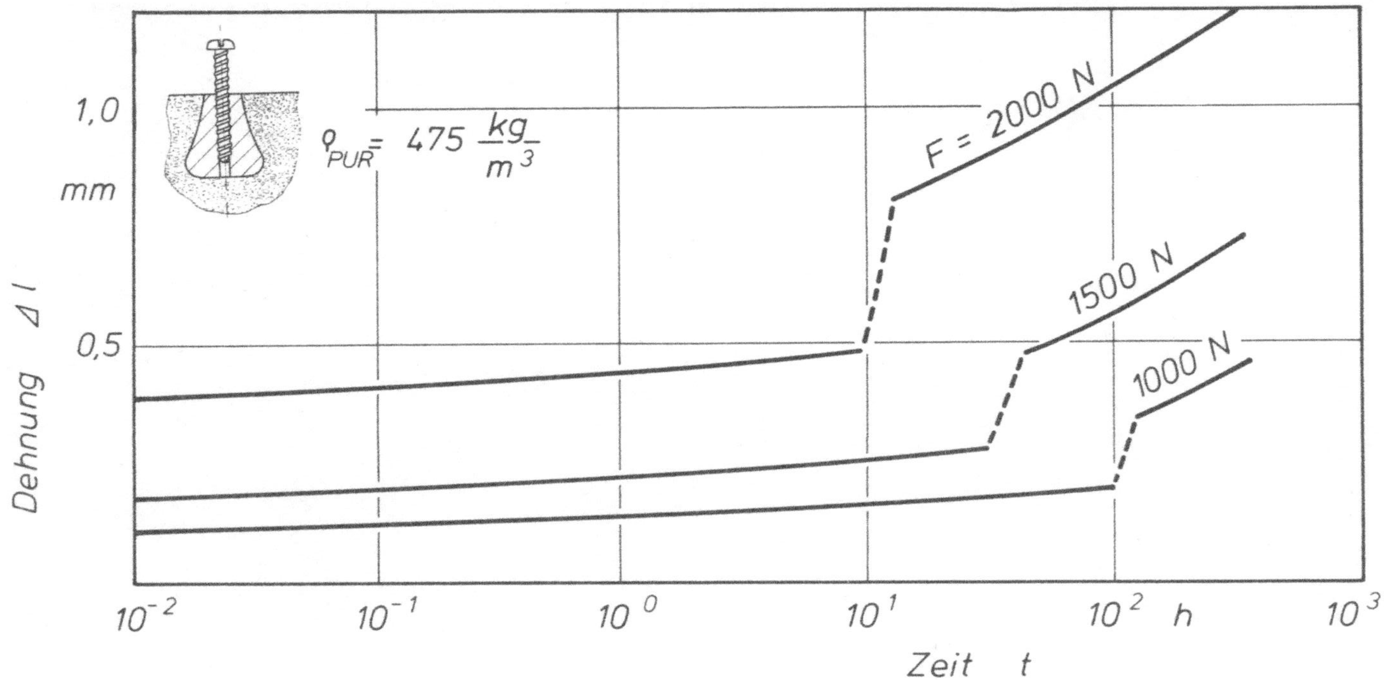

Bild 40: Langzeitdehnung POM-Krafteinleitungselemente in PUR-Hartschaum

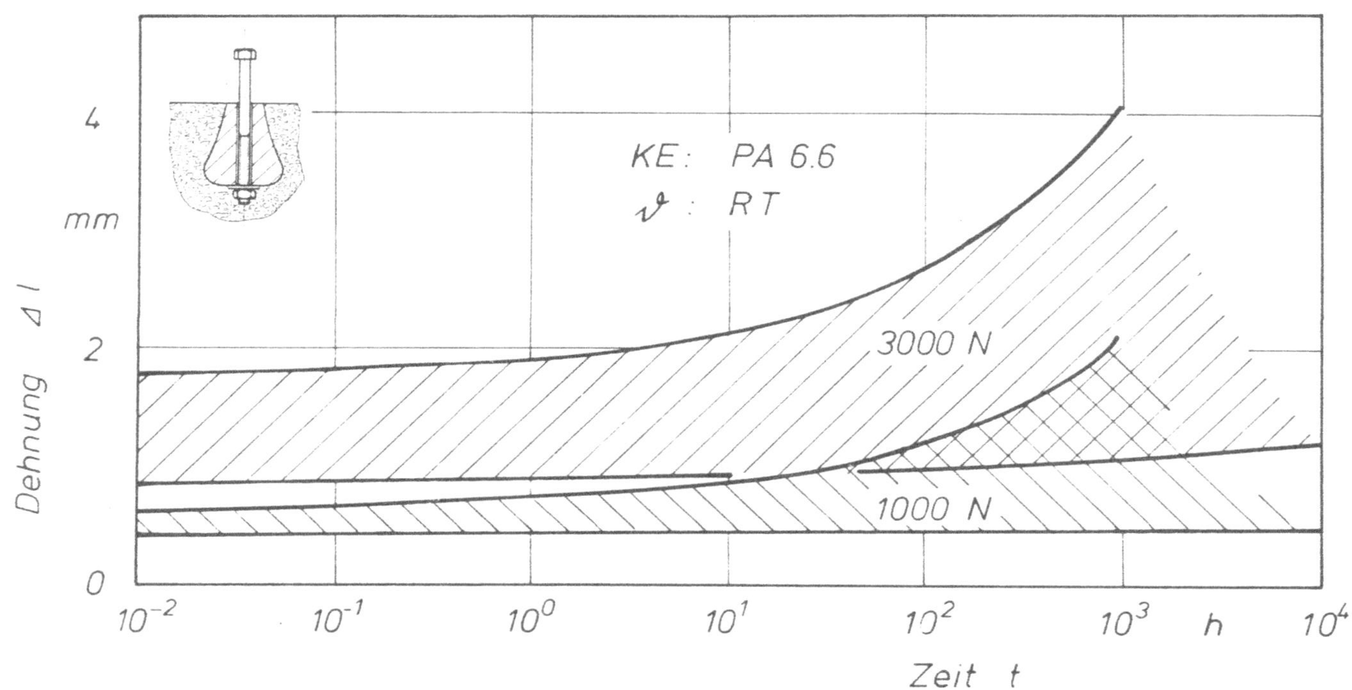

Bild 41: Langzeitdehnung Δl von spritzgegossenen KE in PUR-Hartschaum (ϱ = 475 kg/m^3)

loren geht (siehe Bild 36). Ein Teil der PA-KE mit einer Belastung bis zu 3000 N befindet sich z.Z. > 10^4 h im Zeitstandzugversuch ohne zu versagen.

Die Längenänderung Δ l bei der Verbindung GF-PP in PUR-Hartschaum setzt sich aus dem Kriechweg der Blechschraube im KE und dem Kriechweg des KE im Schaum zusammen (Bild 42).

Bei ABS-KE wird die Längenänderung infolge Kriechen durch die Blechschrauben verursacht, da hier die Wandhaftung KE-Schaum nie aufgehoben wurde und es nur am Anfang zu einer Schaumzellendeformation kommt, die innerhalb des Prüfzeitraumes von 1000 h nicht weiter schreitet (Bild 43). Wird als Befestigung anstatt einer Blechschraube 4,2 mm eine M5 Schraube + Unterlegscheibe von Ø 12 gewählt, erhöht sich die Langzeitfestigkeit auf 1000 N (Bild 44).
Wird die Verbindung mit 6000 N belastet, wird das KE von 27 mm Ausgangslänge auf 15 mm Länge innerhalb von 100 h zusammengepreßt. Hierbei erfolgt aber keine Relativbewegung zwischen Oberkante KE und Oberkante PUR-Probe. Beim Bruch scheren die Flanken am zylindrischen Teil des KE ab.

4.2.2 Langzeitzugversuche bei 60°C

Die Längenänderung zwischen Schraubenkopf und Probenmitte der Schaumplatten wurde bei diesen Versuchen mit einem optischen Kathetometer (berührungslose Wegmessung) ermittelt.
Um den Kriechvorgang zwischen Schraube und KE möglichst gering zu halten, wurde Befestigungsart 1 (Bild 29) gewählt.

Die Ergebnisse sind in den Bildern 45 bis 48 dargestellt.

Aus der relativ geringen Kriechneigung in den ersten 10 Stunden (KE: POM, PA, GF-PP) kann geschlossen werden, daß es infolge der Wärmedehnung hauptsächlich des Schaums zu einer Verfestigung der Verbindung Schaum-KE kommt. Danach führt die geringere Festigkeit und Steifigkeit der Materialien bei 60°C aber schneller als bei RT zum Versagen der Verbindung.

Während sich die Unterlegscheibe bei ABS-KE bis zu ca. 2 mm in das KE (1000 N) hineinpreßte, war dieser Vorgang bei GF-PP wesentlich geringer und bei PA sowie POM kaum feststellbar. Der Haftmechanismus blieb auch bei 60°C zwischen ABS-KE und Schaum intakt. Die Deformation der GF-PP-KE erfolgte wieder, wie in Bild 33 dargestellt, nur diesmal wesentlich stärker und schneller.

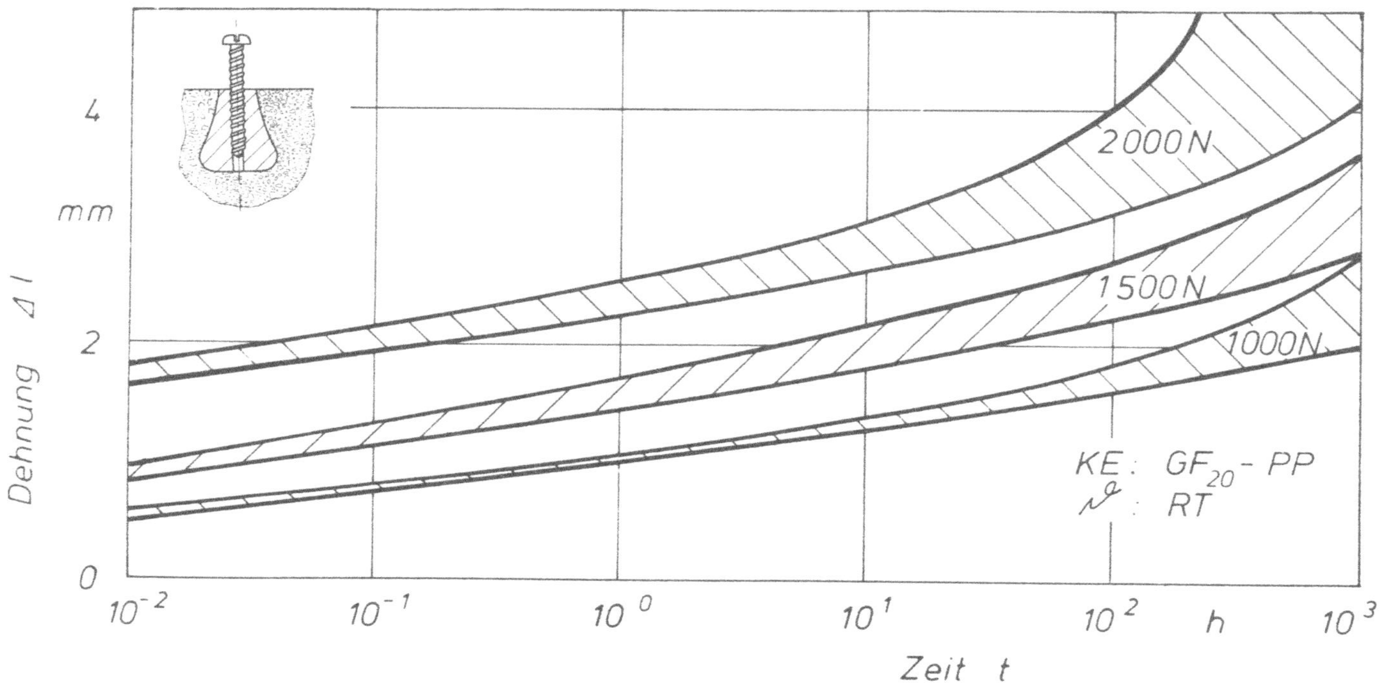

<u>Bild 42:</u> Langzeitdehnung Δl von spritzgegossenen KE in PUR-Hartschaum (ϱ = 475 kg/m^3)

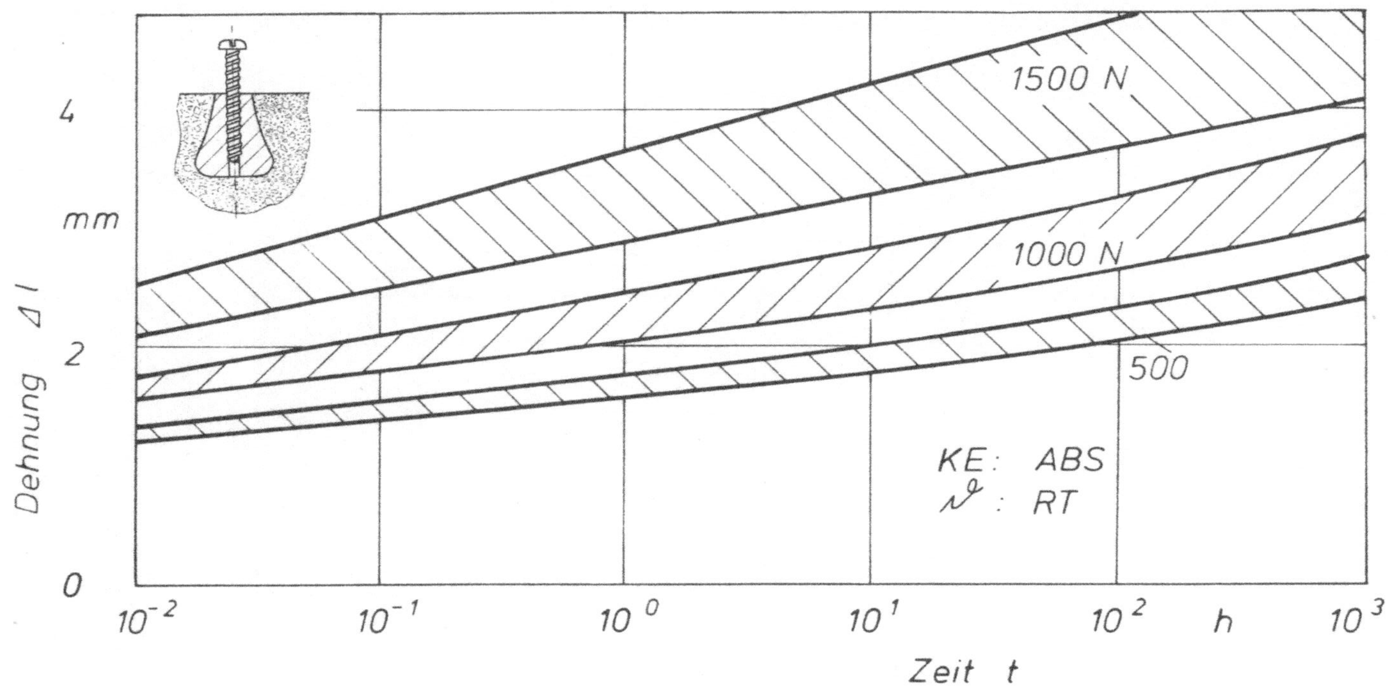

Bild 43: Langzeitdehnung Δl von spritzgegossenen KE in PUR-Hartschaum (ϱ = 475 kg/m^3)

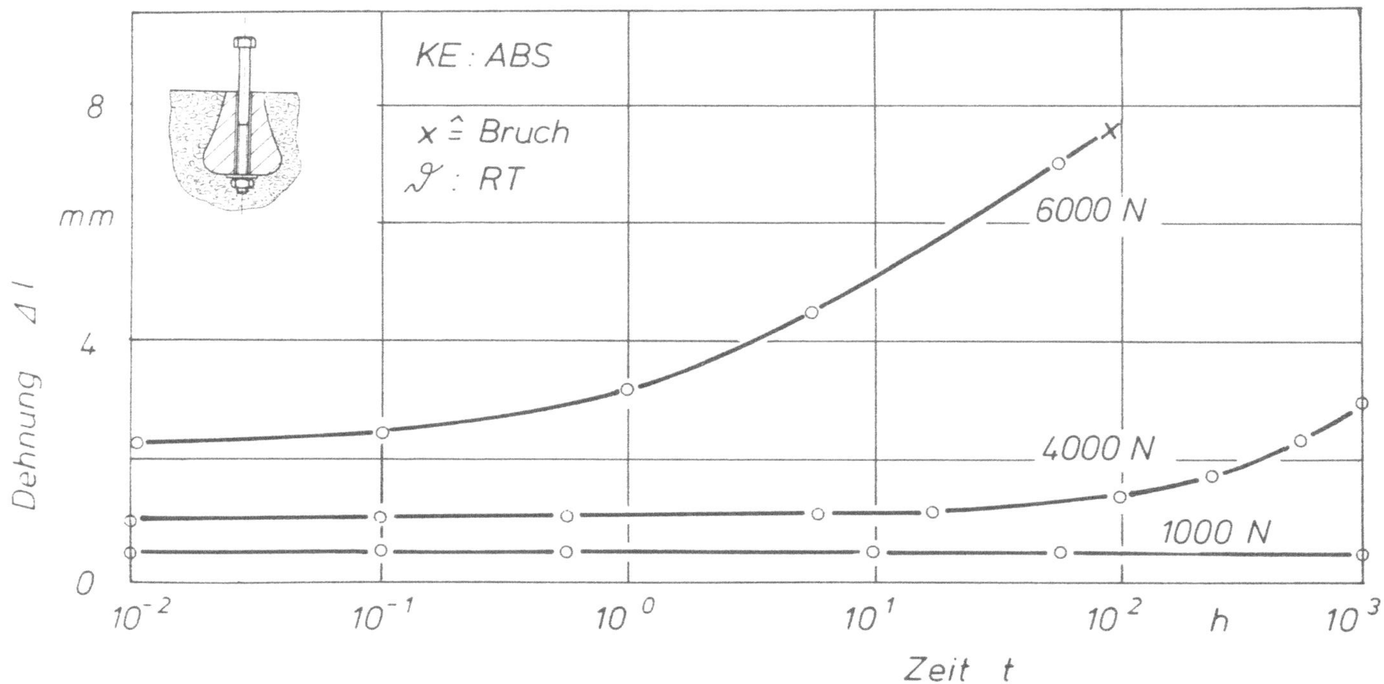

Bild 44: Langzeitdehnung Δl von spritzgegossenen KE in PUR-Hartschaum (ϱ = 475 kg/m^3)

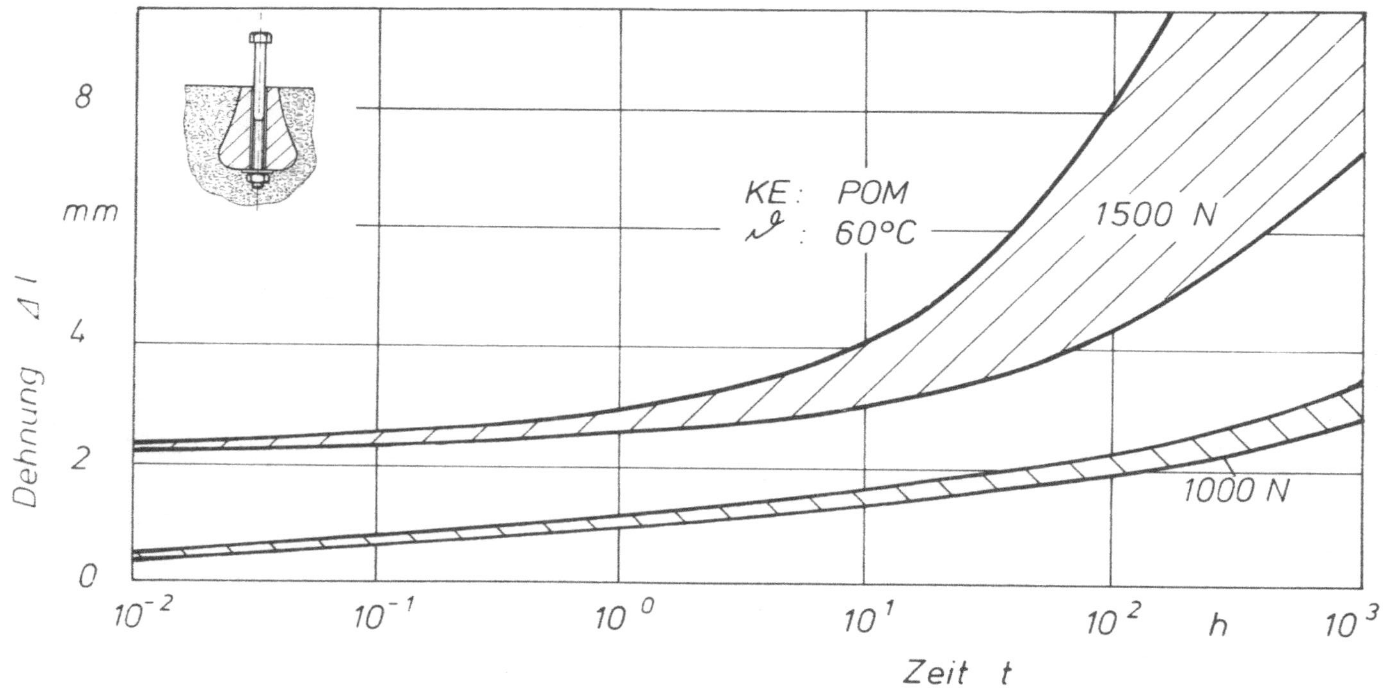

Bild 45: Langzeitdehnung Δl von spritzgegossenen KE in PUR-Hartschaum (ϱ = 475 kg/m^3)

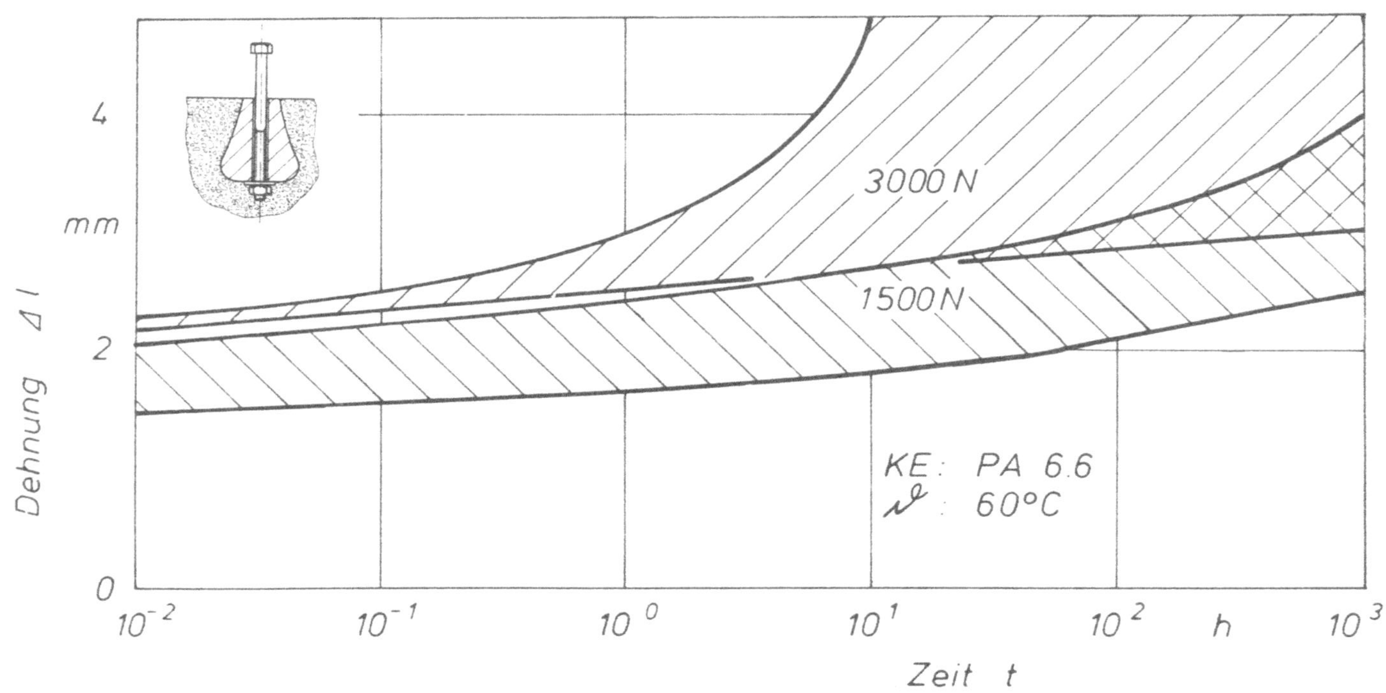

<u>Bild 46:</u> Langzeitdehnung Δl von spritzgegossenen KE in PUR-Hartschaum (ϱ = 475 kg/m^3)

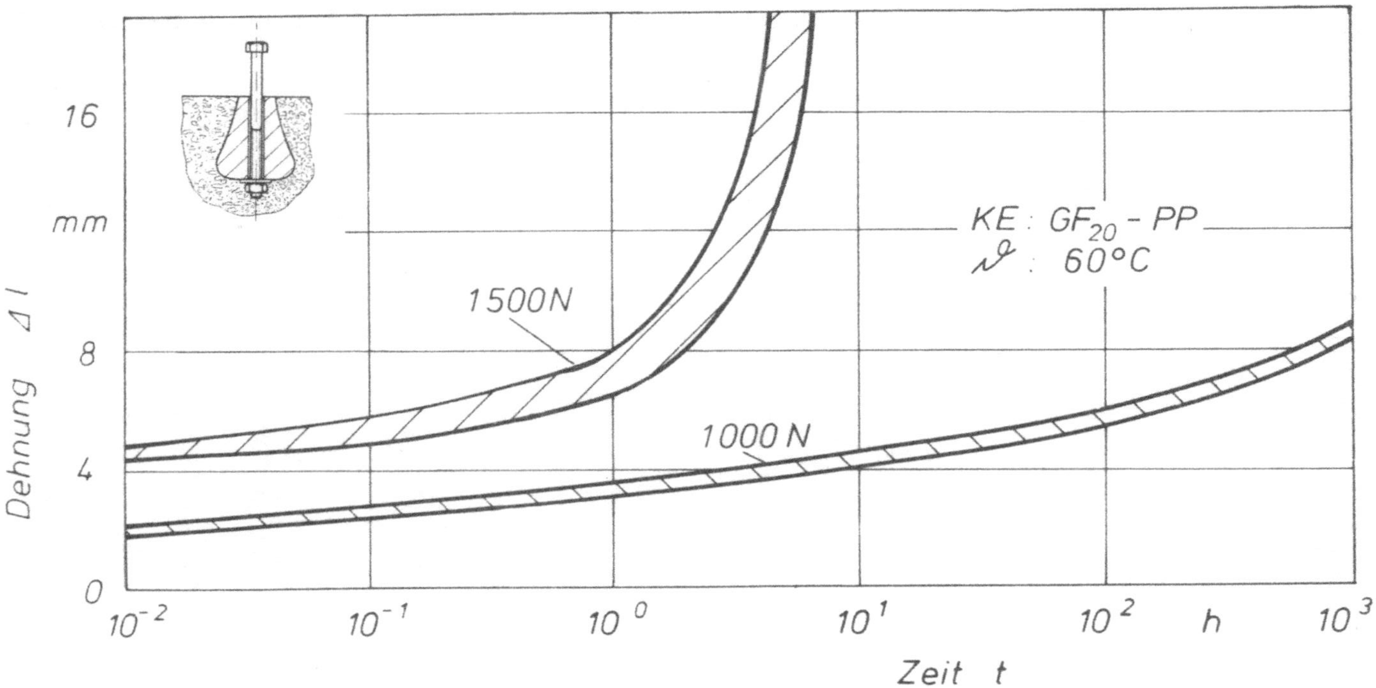

Bild 47: Langzeitdehnung Δl von spritzgegossenen KE in PUR-Hartschaum (ϱ = 475 kg/m³)

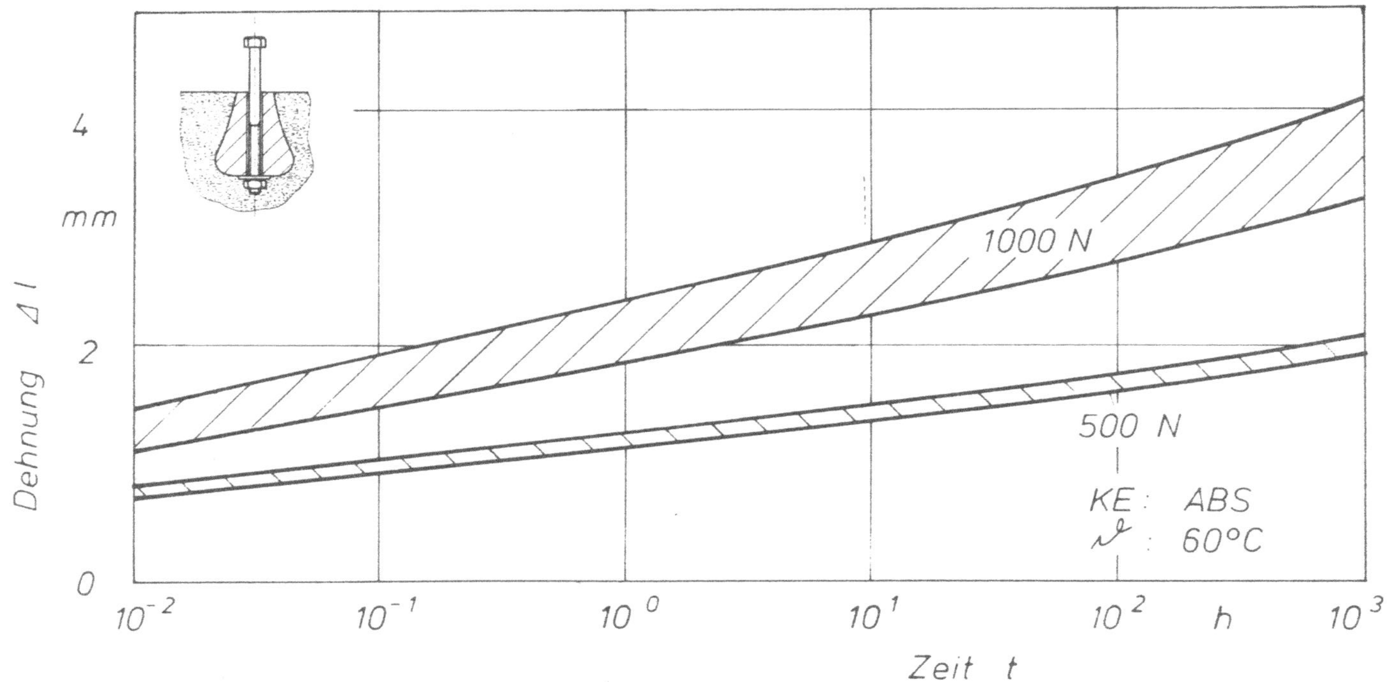

<u>Bild 48:</u> Langzeitdehnung Δl von spritzgegossenen KE in PUR-Hartschaum (ϱ = 475 kg/m^3)

4.2.3 Langzeitversuche bei wechselnder Temperatur

Die Messung der Längenänderung erfolgte wie in Kap. 4.2.2 mit optischen Kathetometern.

In Bild 49 ist schematisch die Versuchsanordnung und die Lage der Temperaturmeßstellen dargestellt.

Die Erwärmung erfolgte mit Infrarotstrahlern in Reihenanordnung (Typ Elstein EBF/50).

Die Ein-Aus-Dauer betrug jeweils 6 Stunden, wobei mit RT begonnen wurde, und die Dehnungsmessung wurde in der Ausphase der Strahler vorgenommen.

An den Meßstellen wurden folgende Endtemperaturen und Temperaturanstiege gemessen:

Meßstelle	$\frac{\vartheta}{^{\circ}C}$	$\frac{\dot{\vartheta}}{^{\circ}C/h}$
1	85	315
2	75	220
3	50	100
4	45	31
5	40	22
6	30	12

D.h., daß am oberen KE eine mittlere Temperatur von ca. 65°C und am unteren KE von ca. 40°C herrschte.
Um die Versuche für $\bar{\vartheta} = 40^{\circ}C$ auch bis zu $t = 10^3 h$ durchführen zu können, wurden unabhängig von den Proben, bei denen gleichzeitig die Temperaturen $\bar{\vartheta}_1 = 40^{\circ}C$, $\bar{\vartheta}_2 = 65^{\circ}C$ durch Schrägstellung der Strahler erzielt wurden, weitere Versuche nur mit einer Wechseltemperatur RT - 40°C durchgeführt.

In den Bildern 50 bis 53 sind die Längenänderungen Δl bei verschiedenen Belastungen aufgetragen.
Die obere Grenze des Streubereichs ② gibt die maximalen Längenänderungen bei $\bar{\vartheta}_2 = 65^{\circ}C$ und die untere Grenze ① die minimalen Längenänderungen bei $\bar{\vartheta}_1 = 40^{\circ}C$ an.

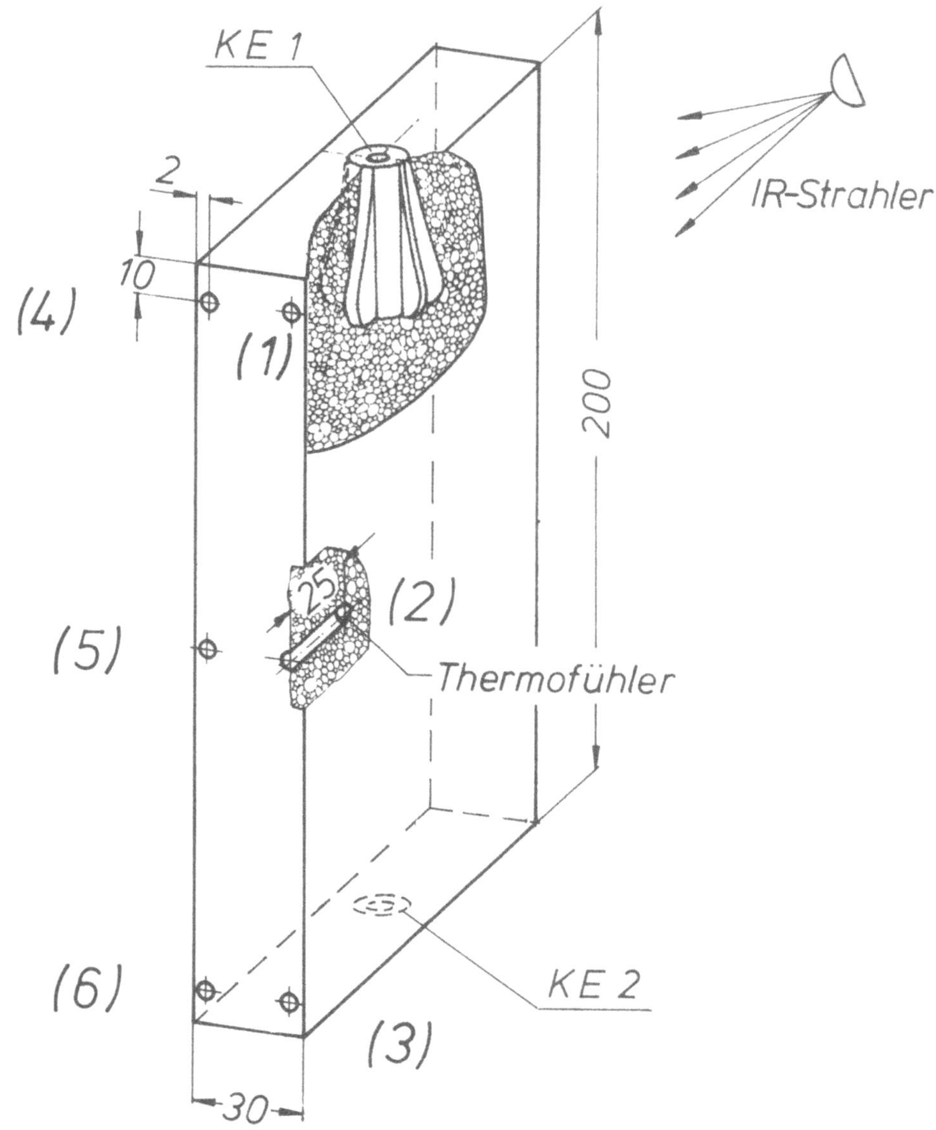

Bild 49: Lage der Temperaturmeßstellen

An der Zeitmarke 6h ist deutlich ein Sprung in der Δl-t-Kurve festzustellen.

Im Vergleich zur konstanten Temperatur von 60°C (Bilder 45 bis 48) ist zu beobachten, daß es viel schneller zum Versagen kommt. Aufgrund der unterschiedlichen Wärmedehnung an der Vorder- und Rückseite der PUR-Schaum-Platte kommt es zu einer Krümmung der Platte. Bei der Abkühlung geht diese Krümmung nur bedingt zurück, da der thermischen Kontraktion von Zellgas und Zellgerüst Molekülumordnungen (Glaspunkteffekte) überlagert werden /21/.

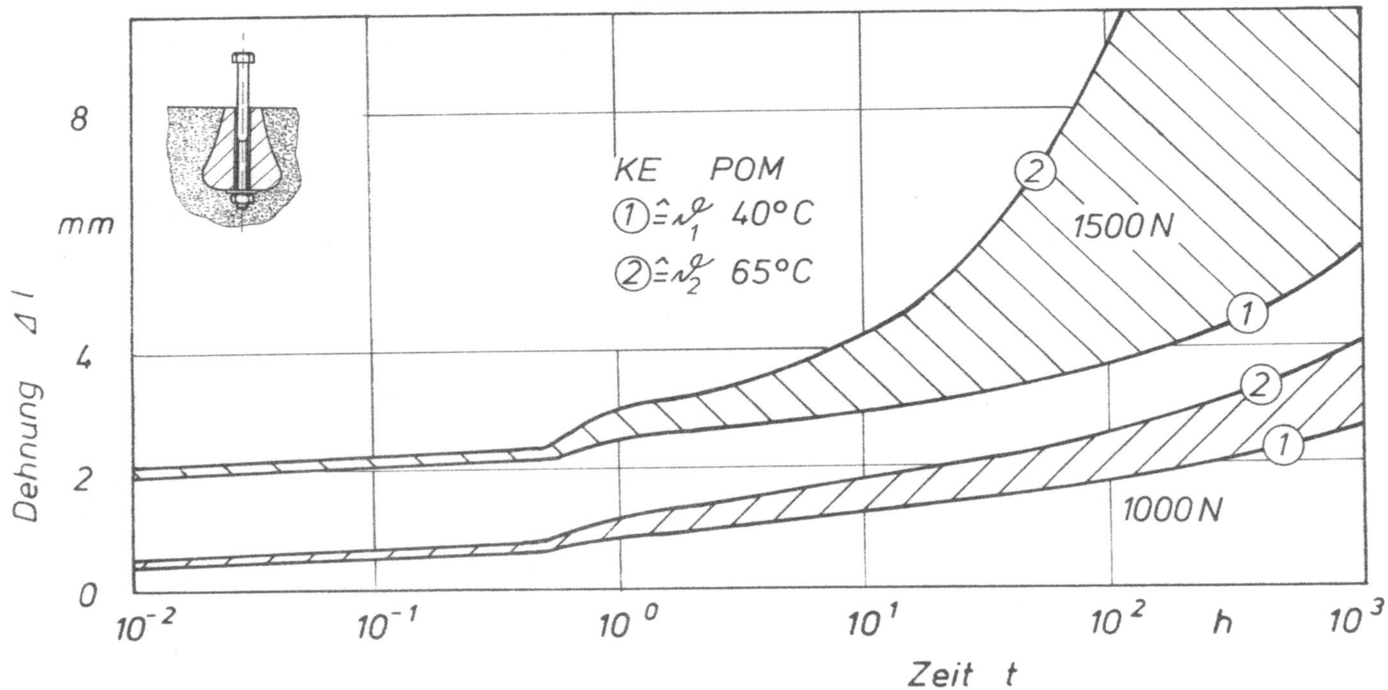

<u>Bild 50:</u> Langzeitdehnung Δl von spritzgegossenen KE in PUR-Hartschaum (ϱ = 475 kg/m^3)

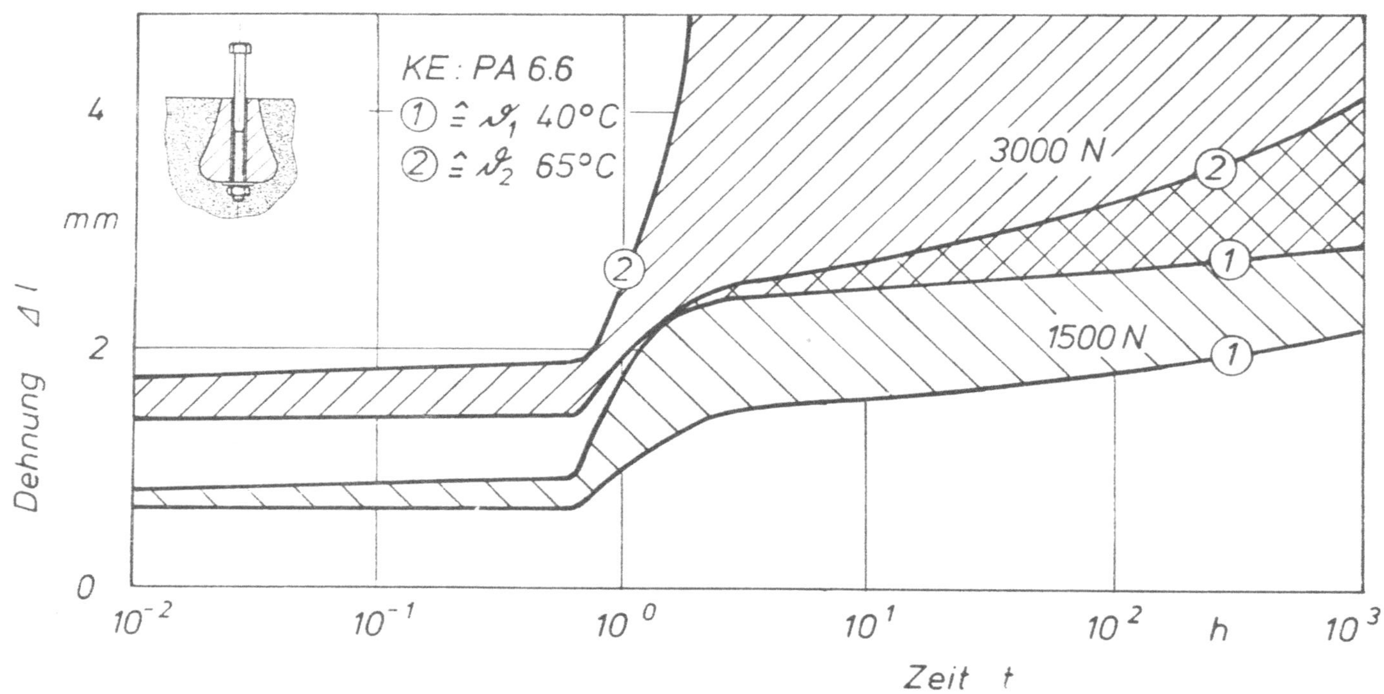

Bild 51: Langzeitdehnung Δl von spritzgegossenen KE in PUR-Hartschaum (ϱ = 475 kg/m^3)

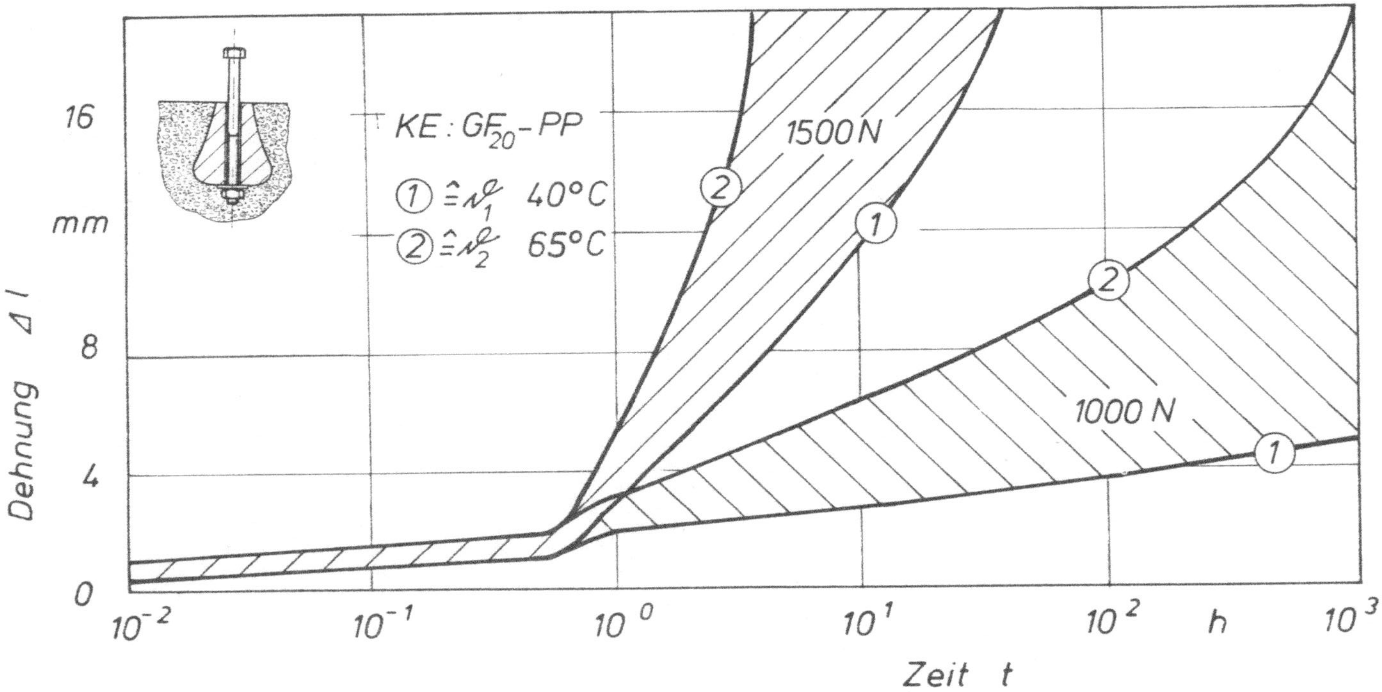

Bild 52: Langzeitdehnung Δl von spritzgegossenen KE in PUR-Hartschaum (ϱ = 475 kg/m^3)

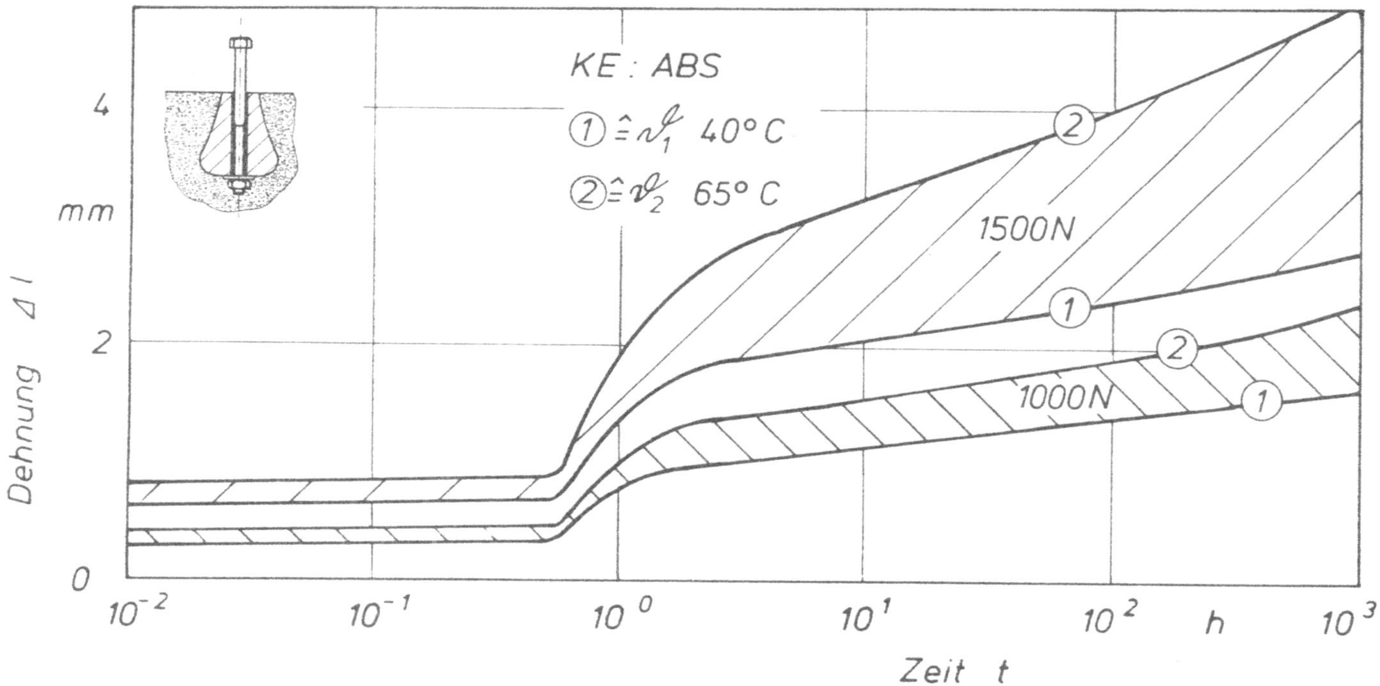

Bild 53: Langzeitdehnung Δl von spritzgegossenen KE in PUR-Hartschaum (ϱ = 475 kg/m^3)

Infolge der unterschiedlichen Ausdehnung des PUR-Schaums an der KE-Oberfläche (Vorderseite zu Rückseite) wird das Zellgerüst an der Vorderseite schneller zerstört. Außerdem führt die höhere thermische Belastung zu Rissen an der Vorderseite (Bild 54).

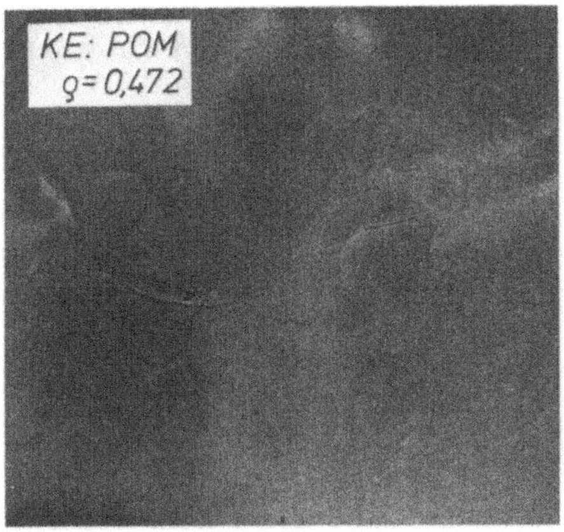

Bild 54

4.2.4 Dauerschwingversuch

Die Versuche wurden in einem mechanischen Pulser bei RT durchgeführt. Als Befestigungsart wurden M5-Schrauben mit Unterlegscheiben Ø 12 benutzt. Die mittlere Kraft wurde von Hand über eine Kraftmeßdose eingestellt, wobei mit zunehmender Verfestigung der KE-Umgebung die Zeitabstände der Nachregulierung immer größer werden (Bild 55).
In diesen Versuchen wurde die Probe mit jeweils 8000 N und 6000 N belastet. Bei Abfall der Kraft um 1 % wurde die Probe erneut gelängt, bis die Ausgangsbelastungen wieder erreicht waren. Das Bild zeigt deutlich die Verfestigung des Schaumes, denn der Abfall der Kraft pro Zeit ($\dot{F}$) erstreckt sich mit fortschreitender Zeit t über immer größere Zeiträume.
Auffallend gegenüber den statischen Versuchen ist das gute Festigkeitsverhalten im Schwingversuch (Bild 56). Auch hier zeigt die Verbindung ABS-KE in PUR-Hartschaum aufgrund der guten Haftung die besten Werte. Doch selbst GF-PP-KE halten bei 2,5 Mill-Lastwechsel einer Belastung von 1500 N stand.
In den schraffierten Bereichen lag jeweils die Mehrzahl der Meßergebnisse, doch wurden die dick ausgezogenen Werte nicht überschritten.
Das gute Festigkeitsverhalten ist auf das schnelle Rückstellvermögen des PUR-Schaumes zurückzuführen. Die Art der Gefügeausbildung des Zellgerüstes dürfte hierfür ausschlaggebend sein.

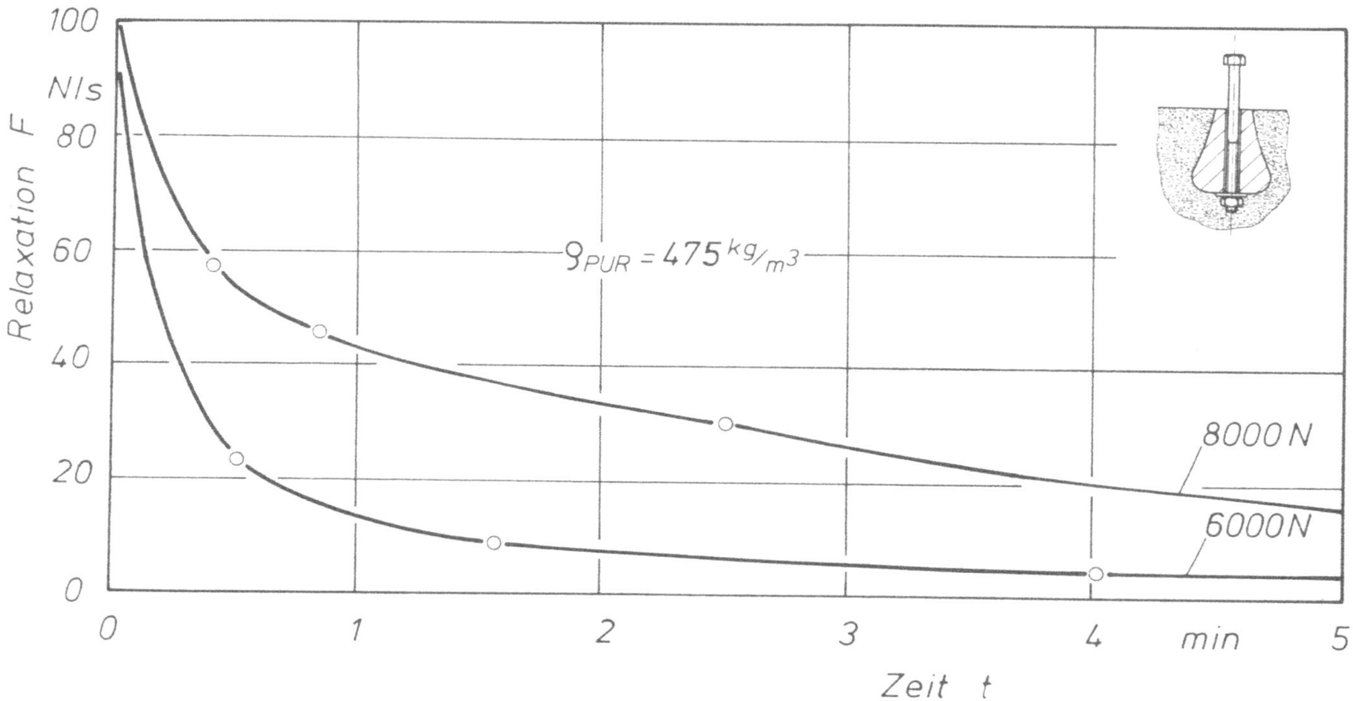

<u>Bild 55:</u> Relaxation $\dot{F}$ von spritzgegossenen KE in PUR-Hartschaum

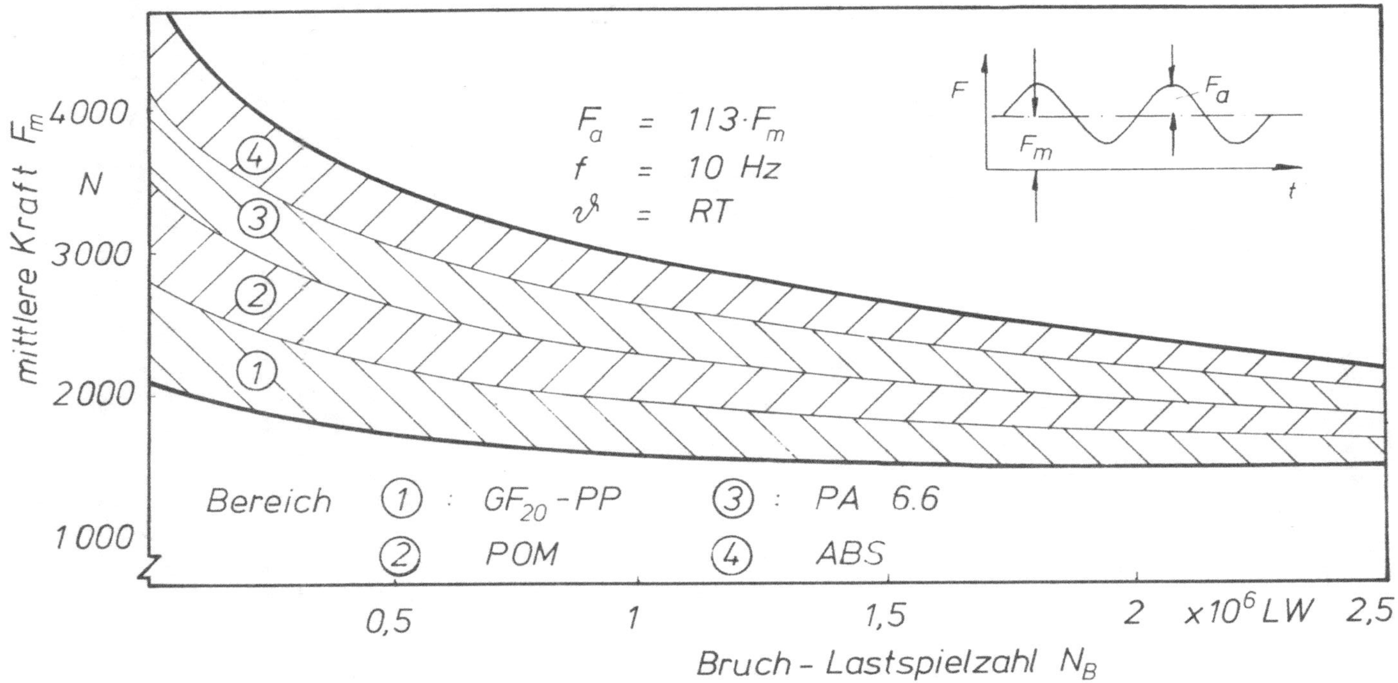

Bild 56: Schwingversuch von spritzgegossenen KE in PUR-Hartschaum (ϱ = 475 kg/m^3)

5. Erhöhung der Haftung zwischen Krafteinleitungselementen und PUR-Hartschaum durch Verwendung verschiedener Klebsysteme /13/

Sämtliche Versuche wurden an PUR-Hartschaumproben (System Baydur 6100, Fa. Bayer AG) der Dichte ϱ_{PUR} = 500 kg/m^3 vorgenommen, die mittels Handansatz hergestellt wurden.
Neben KE aus Kunststoff, vornehmlich PA, wurden auch solche aus Metall (Messing, St) mit verschiedenen Klebern kombiniert und mit den Ergebnissen einer einfachen Blechschraube verglichen. Ebenfalls wurde versucht, die Haftung zwischen PUR-Schaum und direkt mit eingeschäumten, spritzgegossenen KE aus PA und POM zu verbessern.

Darüber hinaus wurde ein völlig unkonventionelles, von der Fa. Fischer vornehmlich für Gasbeton entwickeltes System zur Krafteinleitung in PUR-Schaum untersucht.

Vergleichbare Werte wurden aus Kurzzeitbelastungen bis zum Versagen der krafteinleitenden Verbindung gewonnen. Auf sicherlich ebenfalls interessante Langzeitversuche wurde aus Zeit- und Kapazitätsgründen verzichtet, um zunächst geeignete Klebsysteme zu finden. Dafür wurden bei einem Teil der Versuche die Einflüsse von Feuchtigkeit und Langzeitaushärtung untersucht.

5.1 Verwendete Kleber und Klebsysteme

Aus /14/ wurden für die Verbindung Schaum-KE-Cyanokleber, Vinylharzkleber, Polyesterharzkleber und Silikonkautschuk ausgesucht. Bei den Cyanoklebern wurden zusätzlich noch drei verschiedene Viskositäten gewählt, um diesen Einfluß auf die Festigkeit der Klebverbindung auch untersuchen zu können.

Cyanokleber

Es wurden zwei Produkte der Firma Loctite gewählt, und zwar die Zyanakrylatkleber IS 495 und IS 415, deren physikalische Eigenschaften in folgender Tabelle gegenübergestellt sind.

	IS 495	IS 415
Basis	Äthyl- Zykanakrylatmonomer	Methyl-
spez. Gewicht	1,06 g/cm^3	1,06 g/cm^3
Viskosität (25°C)	40 cP	1500 cP
Scherfestigkeit[1)]	12,5 - 17,5 N/mm^2	20,0 - 25,0 N/mm^2
Anhärtezeit (20°C) (rel. Luftfeucht. 60%)	2 - 10 sec	20 - 120 sec

[1)] Prüfmethode ASTM D-1002-65 an Stahlproben

Da die Firma Loctite keinen in der Viskosität zwischen dem IS 495 und dem IS 415 liegenden Kleber anbietet, wurde außerdem noch der Kleber Gupalit-Spontan-Adhaesiv Type 2 der Firma Gussolit verwendet, der folgende physikalische Eigenschaften besitzt:

Basis	silikonmodifizierte Ester der Zyanakrylsäure
spez. Gewicht	1,15 g/cm^3
Viskosität (20°C)	120 cP
Scherfestigkeit[2)]	28,0 N/mm^2
Anhärtezeit (20°C) (rel. Luftfeucht. 65 %)	15 - 90 sec

[2)] DIN 53283 (AC-Prüfkörper)

Polyesterharzkleber

Als Polyesterkleber wurde der von der Firma Omni-Technik angebotene mikroverkapselte ungesättigte Polyester untersucht. Bei diesem verhältnismäßig neuen Verfahren /15/ werden vorzugsweise Flüssigkeitströpfchen, deren Durchmesser von wenigen Micrometern bis ca. 1500 um variieren kann, mittels synthetischen Polymermaterialien verkapselt. Die Vorteile liegen darin, daß Flüssigkeiten in quasi Feststoffe umgeformt werden, die Flüchtigkeit einer Substanz ausgeschlossen werden kann und unverträgliche oder leicht reagierende Substanzen voneinander getrennt gehalten werden können. So können auch der mikroverkapselte Polyester und die ebenfalls mikroverkapselte Härterkomponente innig vermischt und dann bis zur Verwendung gelagert werden. Zur Freisetzung des Kapselinhaltes sind dann nur noch mechanische Kräfte wie Druck oder Scherbeanspruchung erforderlich.

Bei den nachfolgenden Versuchen wurde mikroverkapselter Polyester Leguval K 27 und als Härter mikroverkapseltes Benzoylperoxid BP 40 verwendet, wobei das Mischungsverhältnis 15 : 1 betrug.

Technische Daten:

	Benzoylperoxid BP 40	Leguval K 27
Dichte bei 20°C	1,17 g/cm^3	1,13 g/cm^3
Kapselwandmaterial	Proteinbasis	
Wandmaterialanteil	ca. 0,015 %	ca. 0,015 - 0,020 %
Kapselgröße	ca. 50-800 um	ca. 200-1600 um

Vinylharzkleber

Als Vinylharzkleber wurde der Zwei-Komponenten-Kleber Stabilit Express der Firma Henkel verwendet. Das Harz dieses Klebsystems besteht aus niedermolekularen und monomeren Vinylverbindungen, die Methylmetacrylat enthalten, während der Härter auf Peroxid-Basis aufgebaut ist. Weitere technische Daten waren leider auch von der Firma Henkel nicht in Erfahrung zu bringen.

Silikonkautschuk

Der verwendete Silikonkautschuk Type VP 3522 A / 3522 B der Firma Wacker ist eine kaltvulkanisierende Zwei-Komponenten-Gießmasse, bei der 9 Gewichtsteile des Basismaterials VP 3522 A mit 1 Gewichtsteil Vernetzer VP 3522 B vermischt werden. Um möglichst Blasenfreiheit zu erlangen, muß nach dem Vermischen evakuiert werden. Die Topfzeit beträgt bei Raumtemperatur ca. 0,5 h, die Vernetzungszeit ca. 24 h, jedoch kann diese bei 100°C in einem Ofen auf ca. 1 h reduziert werden.

5.2 Verwendete Krafteinleitungselemente

Fischer S 6

Dieser aus Nylon (PA 6.6) hergestellte Dübel der Firma Fischer, Tumlingen ist einer der bekanntesten und gebräuchlichsten unter den handelsüblichen Dübeln und wurde aus diesen Gründen und seines sehr geringen Preises wegen ausgesucht. Er besitzt tief ausgebildete Hinterschneidungen (siehe Bild 57),

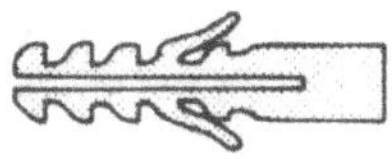

Bild 57

die Voraussetzung für eine kraftschlüssige Verankerung in weichen und groben Baustoffen sind, hat mit zunehmender Tiefe des Bohrloches eine stärkere Dicke des PA-Materials, weswegen die stärkste Verankerung und damit Dübelspreizung in der Tiefe des Bohrloches erfolgt, und breite, ebene Innenflächen, in die sich die Schraube beim Eindrehen einpreßt. Die verwendete Holzschraube oder Blechschraube muß im Durchmesser zwischen 3,5 und 5,0 mm liegen, gewählt wurden für die Versuche Blechschrauben des Durchmessers 4,5 mm.

Gipsplattendübel NA

Dieser auch mit handelsüblichen Blechschrauben zu kombinierende PA-Dübel der Firma Fischer wurde deshalb ausgewählt, weil er auf einem völlig anderen Prinzip beruht als der normals S 6 (siehe Bild 58).

Die Blechschraube faßt nur im unteren Teil und zieht diesen an, nachdem sie mit dem Kopf gegen das zu befestigende Teil gelaufen ist, so daß der mittlere Teil an den vorgesehenen Stellen nach außen geknickt wird. Eigentlich für Hohlräume gedacht, wurde dieser Dübel aber trotzdem genommen, um zu sehen, ob dieses System in PUR-Schaum ebenfalls anwendbar ist.

Berner GD

Dieser von der Firma Berner, Künzelsau hergestellte Dübel für Leichtbaustoffe beruht auf einem wieder anderen Prinzip (siehe Bild 59).

Auch hier greift eine Blechschraube am unteren, keilförmigen Teil des Dübels ein und zieht diesen nach vorne. Dabei drückt der Keil die Dübelflanken nach außen, so daß eine konische Hinterschneidung entsteht. Auch dieser Dübel wird aus PA 6.6 hergestellt.

Messing-Dübel

Dieser Metalldübel besitzt ein metrisches Innengewinde, das zum kodierten, hinteren Teil des Dübels in eine spitze Bohrung ausläuft (siehe Bild 60).

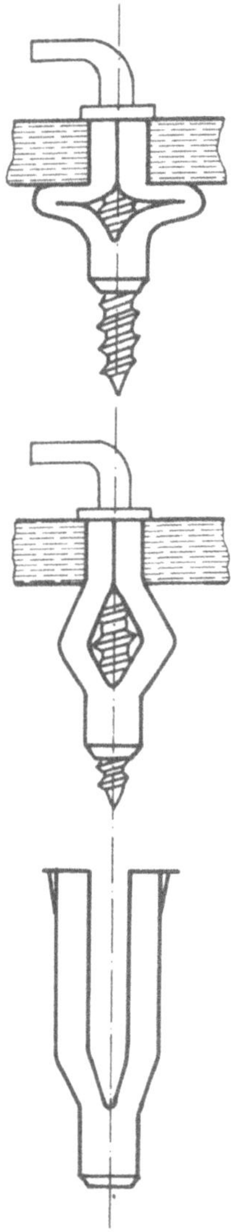

Bild 58

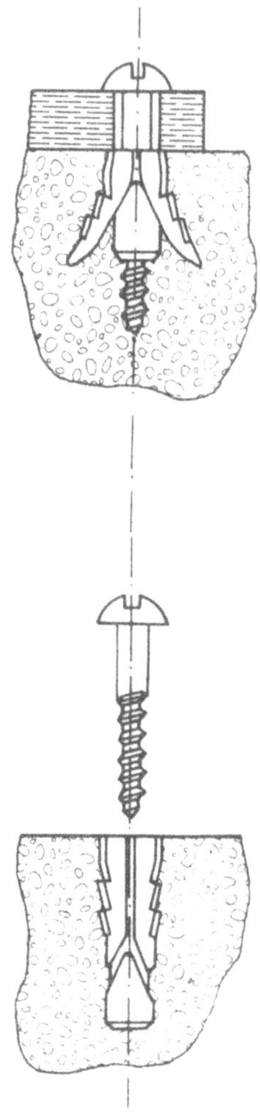

Bild 59

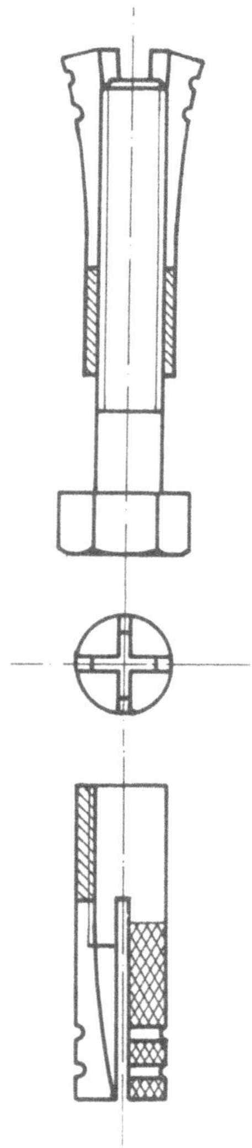

Bild 60

Dadurch drückt die eingedrehte, härtere Schraube die vier Flanken des Dübels nach außen, wodurch wiederum eine konische Hinterschneidung auftritt. Die Kodierung soll erreichen, daß sich der Dübel selbst nicht mitdreht, da sehr hohe Reibkräfte beim Eindrehen der Schraube in den hinteren Teil des Dübels auftreten. Dafür darf allerdings das vorgebohrte Loch für den Dübel im Durchmesser nicht zu groß sein. Für die Versuche wurden Messingdübel des Durchmessers 7,5 mm verwendet, die ein M 6-Innengewinde besaßen.

Agfa-Metalleinsätze für PUR-IHS-Formteile

Diese von der Firma Agfa-Gevaert freundlicherweise von Herrn Ing. G. Klepek, Mitarbeiter der AGFA-Gevaert und Entwickler der Elemente zur Verfügung gestellten entwickelten Metalleinsätze /16/ erzeugen durch Eindrücken in die vorgesehene Bohrung eine Kombination aus Formschluß und Preßverbindung und erreichen dadurch eine Verankerung des Inserts im PUR-Teil. Es wurden von der Firma Agfa zwei verschiedene Inserts zur Verfügung gestellt, deren Unterschiede aus Bild 61 ersichtlich sind.

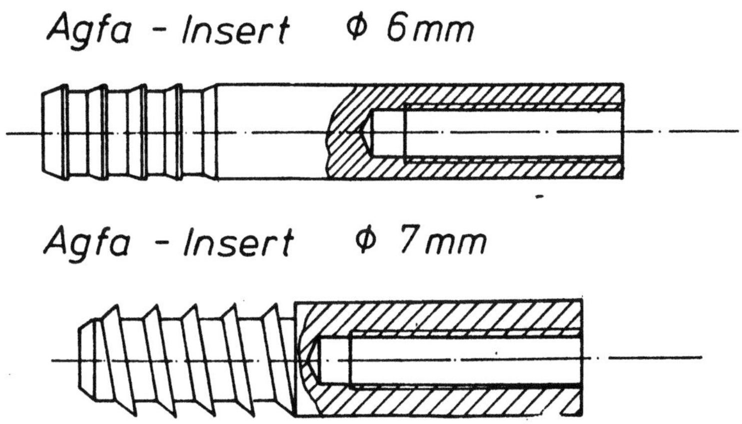

Bild 61

Das 7 mm-Insert, das nicht von vorneherein ein Innengewinde besaß, wurde zur besseren Handhabung bei den Zugversuchen ebenso mit einem solchen versehen wie das 6 mm-Insert.

Fischer Injections-System

Dieses völlig neu von der Firma Fischer entwickelte System wurde erstmals auf seine Anwendbarkeit in PUR-Hartschaum untersucht, und zwar deshalb, weil bei der Bohrung des nach innen konischen

Lochs annähernd die Kontur entsteht, die bereits in anderen Arbeiten /12/ als optimal in bezug auf die Ausreißfestigkeit aus PUR-Hartschaum ermittelt wurde. Das Funktionsprinzip dieses Injections-Systems zeigt Bild 62.

Als Füllstoffe wurden bei den Versuchen natürlich nicht der für dieses System bestimmte Schnellbindemörtel sondern Iso-Voss-Schüttelschaum und Epoxid-Harz verwendet. Beide Komponenten sind im folgenden kurz beschrieben.

Iso-Voss-Schüttelschaum Type HR

Dieses flüssige Schaumharz der Firma Voss-Chemie, Uetersen, ermöglicht die schnelle Herstellung von PUR-Schaum. Die zwei Komponenten A und B sind fertig abgepackt und ihre Vermischung im Verhältnis 1:1 wird nach dem Zusammenschütten ohne Hilfsmittel durch Schütteln (20 bis 30 mal) vorgenommen. Da beide Flüssigkeiten eine sehr niedrige, aufeinander abgestimmte Viskosität aufweisen, genügt dieses einfache Verfahren, um eine einwandfreie Mischung zu erzielen.
Die Type HR wurde aus drei verschiedenen wegen ihrer harten, geschlossenporigen Schaumstruktur ausgewählt. Die Typen unterscheiden sich jeweils in Ausdehnungsverhältnis (HR: 1:25), Schaumstruktur, Startzeit (HR: 50 sec), Steigzeit (HR: ca. 270 sec) und Härtungszeit (HR: ca. 9 min).

EP-Gießharz EPO 30 B

Dieses EP-Gießharz der Firma Lechler Chemie, Stuttgart, ist ein Zweikomponentensystem, das aus einem schwarzen Epoxidharz und einem klarflüssigen Spezialhärter besteht. Die Harz/Härter-Mischung im Verhältnis 10:1 in Gewichtsteilen härtet bei Raumtemperatur aus und besitzt ein sehr geringes Schwundmaß.
Physikalische Eigenschaften:

Verarbeitungs- und Aushärtetemperatur	18 - 22 ^{o}C
Viskosität der Mischung bei 25 ^{o}C	20000 - 30000 cP
Topfzeit (0,5 kg bei 20 ^{o}C)	60 min
Aushärtezeit bei RT	ca. 12 h
Spez. Gewicht	2200 kg/m ^{3}
Zugfestigkeit	17,6 N/mm ^{2}
Schwundmaß	2,5 - 5 $\cdot 10^{-4}$ cm/cm

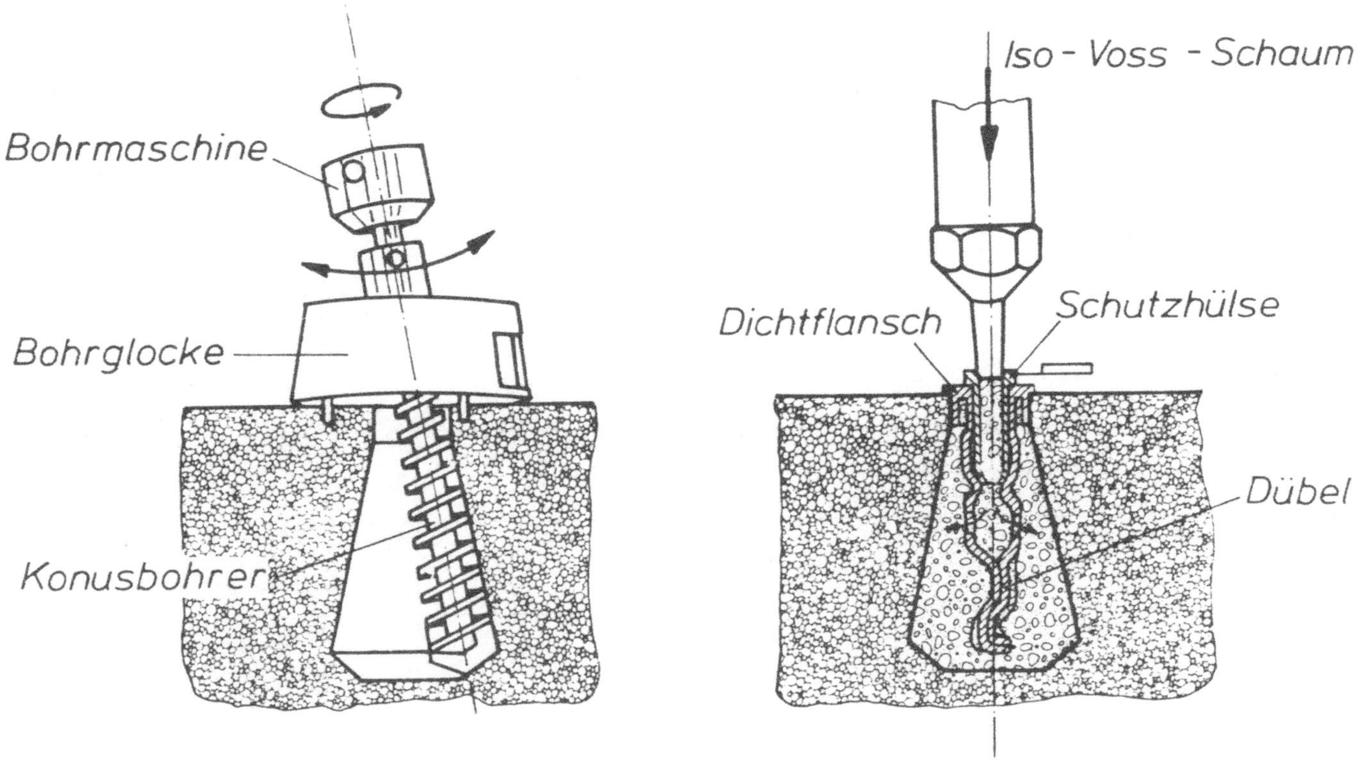

<u>Bild 62:</u> Fischer-Injections-System

5.3 Tabelle der KE-Kleber-Kombinationen

KE \ Kleber	ohne	Cyanokleber (40 cP)	Cyanokleber (120 cP)	Cyanokleber (1500 cP)	Vinylharzkleber	Polyesterharzkleber	Schüttelschaum	Epoxidharz
Fischer S 6	X	X	X	X	X	X[1]		
Gipsplattendübel NA	X							
Berner GD	X							
Messingdübel	X	X				X[2]		
Agfa-Inserts	X	X		X		X		
Blechschraube	X	X				X		
Injections-Anker							X	X

[1] im Dübel

[2] im Dübel und zusätzlich im Bohrloch

5.4 Versuchsdurchführung und -ergebnisse

Um anfängliche Vergleichswerte zu bekommen, wurden zunächst alle verwendeten KE ohne Kleber in die PUR-Probekörper eingesetzt (siehe auch Punkt 5.3). Hierbei ergaben sich bereits die ersten Versagensfälle, da das Prinzip des Gipsplattendübels von Fischer und das des Berner GD-Dübels im Schaum nicht wirksam waren, jedenfalls nicht im Schaum der gewählten Dichte von ϱ_{PUR} = 500 kg/m^3. Beim GD-Dübel zieht die Blechschraube den keilförmigen unteren Teil des Dübels zwar an, jedoch reicht die von diesem Teil übertragene Kraft nicht aus, um die Flanken des Dübels zur Hinterschneidung in den Schaum zu drücken; es kommt zum Durchdrehen der Schraube im unteren Teil des Dübels, da das von der Blechschraube selbst geschnittene Gewinde ausreißt.

Auf die gleiche Art kommt es beim Gipsplattendübel von Fischer zum Versagen: auch hier verhindert die zu hohe Dichte des Schaums ein Ausknicken des Dübels an der hierfür vorgesehenen Stelle, es kommt ebenfalls zu einem Ausreißen der Blechschraube aus dem kraftübertragenden Teil des Dübels.

Da das Funktionsprinzip dieser beiden Dübel, die angestrebte Hinterschneidung zum Formschluß, gar nicht erst erreicht werden kann, wurden diese beiden Dübel nicht mehr für die weiteren Versuche mit verschiedenen Klebern herangezogen.

5.4.1 Fischer S 6

Die Fischer S 6-Dübel wurden auch zunächst ohne Kleber in Bohrungen verschiedenen Durchmessers eingesetzt, um den für PUR-Hartschaum der Dichte ϱ_{PUR} = 500 kg/m^3 optimalen Bohrungsdurchmesser herauszufinden. Der eigentlich für einen Durchmesser von 6 mm vorgesehene Dübel wurde hierfür in jeweils zwei Bohrungen der Durchmesser 6; 5,8; 5,6 und 5,4 mm eingesetzt und mittels einer Blechschraube 4,5 x 38 mm gespreizt. Die ermittelten Ausreißkräfte in Abhängigkeit vom Bohrungsdurchmesser zeigt Bild 63. Hierzu muß allerdings bemerkt werden, daß bei einem gebohrten Durchmesser von 5,4 mm sich die Dübel nicht mehr einwandfrei in die Bohrung einschlagen lassen, da teilweise der Dübel umknickt, bevor er sich vollständig in

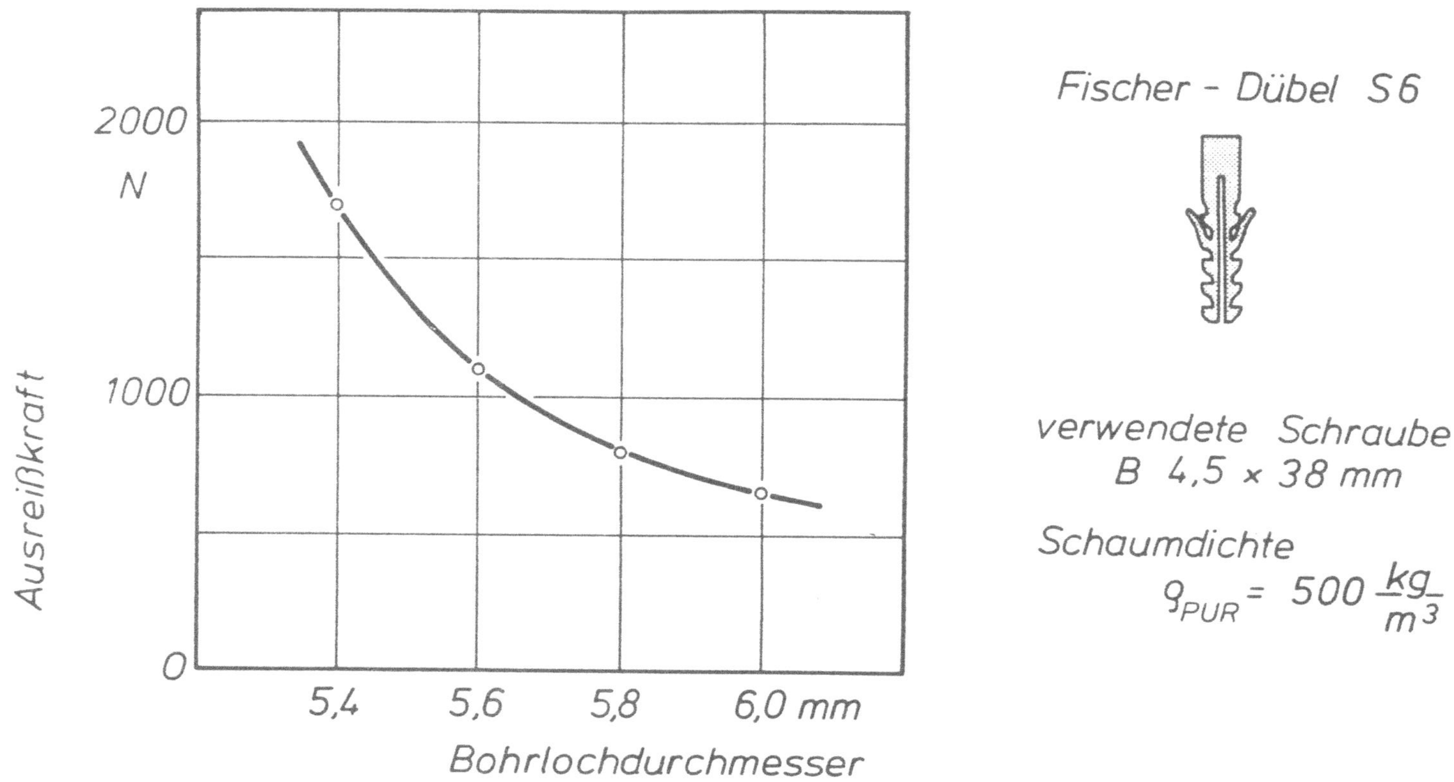

<u>Bild 63:</u> Ausreißkraft nicht verklebter PA-Dübel in Abhängigkeit vom Bohrlochdurchmesser

der Bohrung befindet. Um dies zu vermeiden und zusätzlich noch Raum für den Kleber zu haben, wurden für die weiteren Versuche Bohrungen mit dem Durchmesser 5,5 mm verwendet. Doch auch ohne die Verwendung von Kleber wird bereits eine Verankerung des Dübels im Schaum durch seine Hinterschneidungen erreicht.

Für die weiteren Versuche wurden jeweils drei gleiche Dübel-Kleber-Kombinationen untersucht, wovon zwei im Mittel zwei Tage nach Einbringen in den Schaum herausgezogen wurden, während eine zuvor 40 Tage bei Raumtemperatur ohne Belastung gelagert wurde, um so den Einfluß der Nachhärtung im Schaum bestimmen zu können. Außerdem wurden zwei Proben, bei denen auch die Schraube mit Cyanokleber verklebt war, zur Simulation des Einflusses von Feuchtigkeit 37 Tage in Wasser gelagert und dann erst dem Ausreißversuch unterzogen. (Aus Zeitgründen konnten jedoch nicht an allen Dübel-Kleber-Kombinationen diese beiden zusätzlichen Einflüsse untersucht werden).
Sämtliche Ergebnisse sind in Bild 64 zusammengefaßt. Dabei gibt die schraffierte Fläche den ermittelten Streubereich an, während die dünnen Streifen rechts der Balken den Wert für die Ausreißkraft darstellen, der sich nach 40tägiger Lagerung ergab. Der nur einmal auftretende Wert nach 37tägiger Konditionierung in Wasser ist links des Balkens aufgetragen.

Da Cyanokleber zwar zu den schnellhärtenden Klebern zu zählen sind, die zur Aushärtung aber eine bestimmte Luftfeuchtigkeit benötigen (55-65 %), von der sie nach Eindrehen der Schraube in den Dübel abgeschnitten sind, wurde auch noch die Abhängigkeit der Ausreißkraft von der Aushärtezeit untersucht. Bild 65 gibt die Ergebnisse wieder und zeigt, daß auch eine Verklebung mit Caynokleber erst nach ca. 20 h ihre Endfestigkeit erreicht, wenn die zur Aushärtung benötigte Luftfeuchtigkeit fehlt.
In Bild 66 ist die Abhängigkeit der Ausreißkraft von der Viskosität des Cyanoklebers einfach logarithmisch aufgetragen.

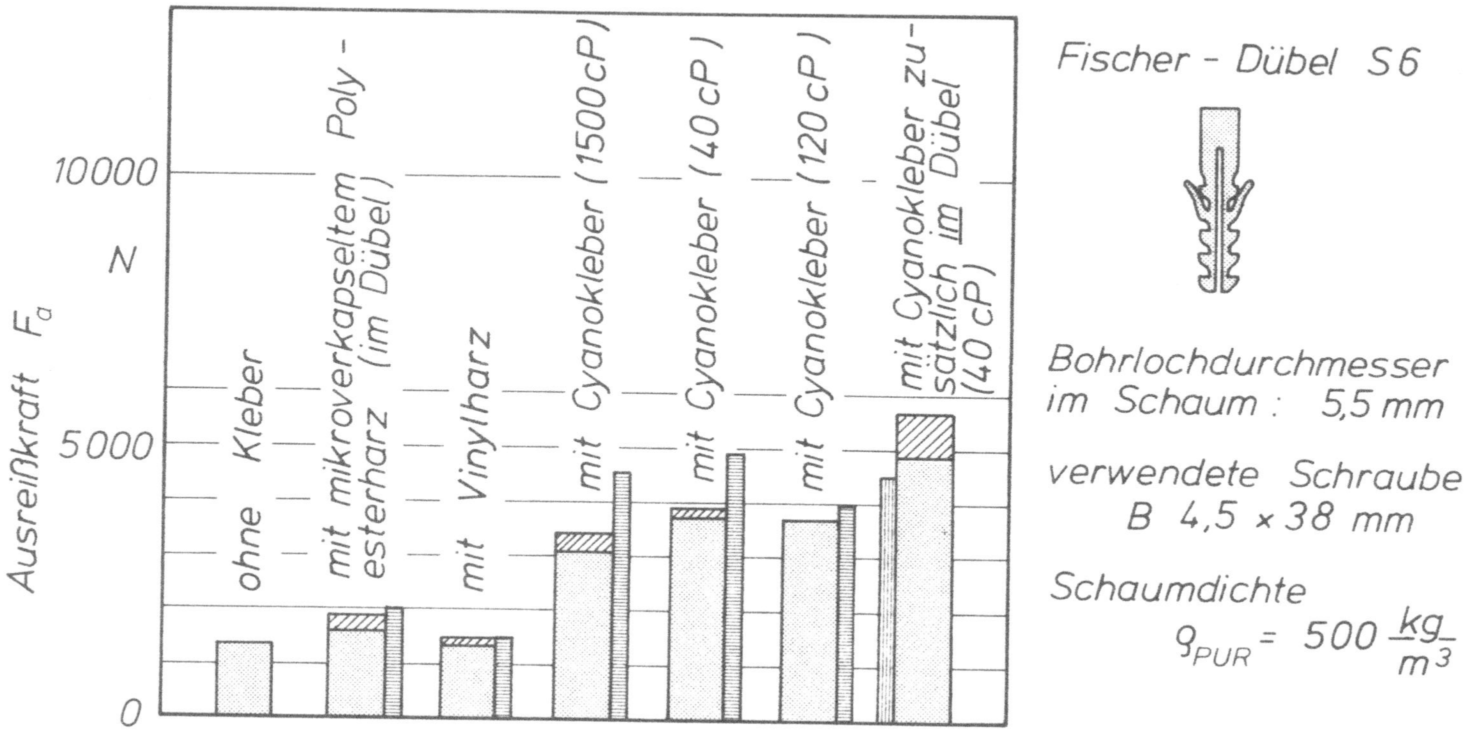

Bild 64: Ausreißkräfte handelsüblicher PA-Dübel in PUR-Hartschaum bei Verwendung verschiedener Klebsysteme

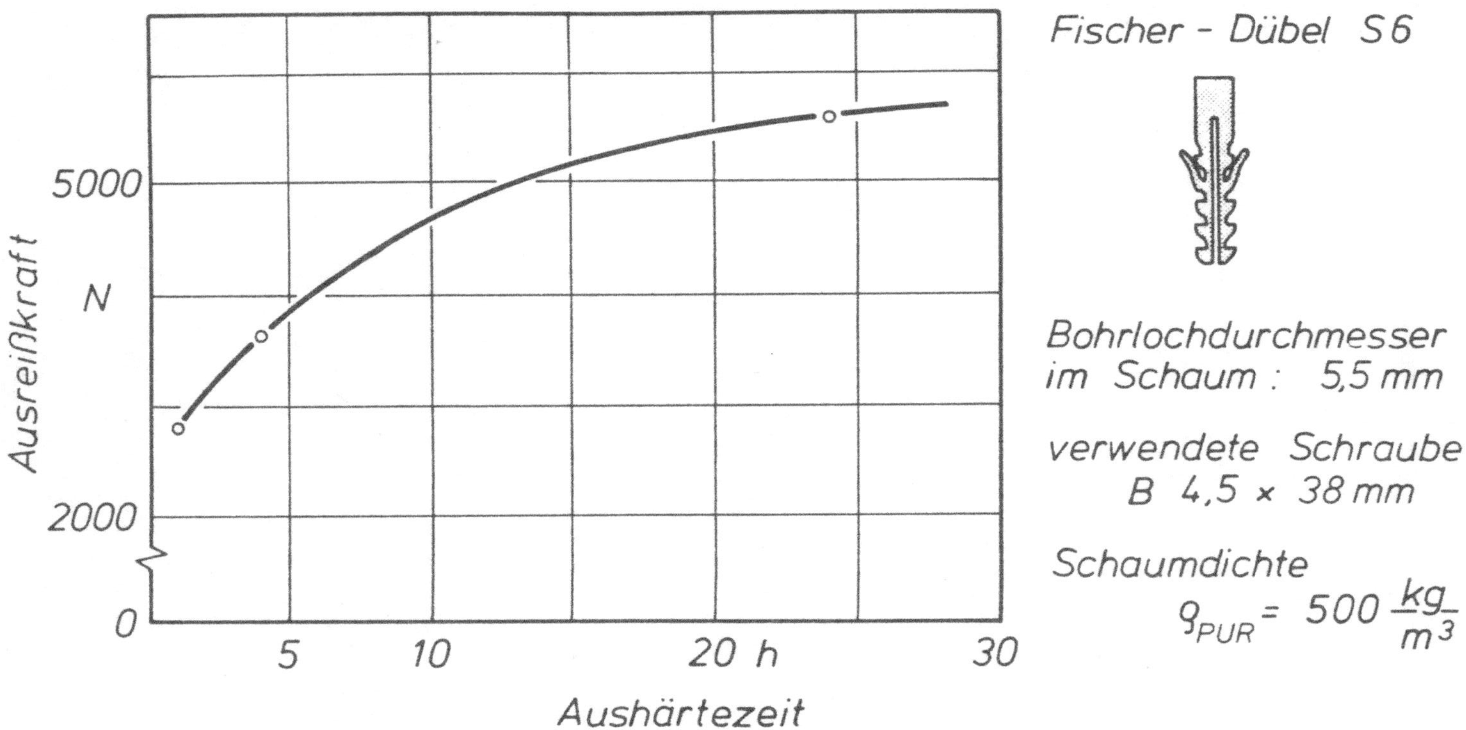

Bild 66: Ausreißkraft cyanoverklebter PA-Dübel in Abhängigkeit von der Viskosität des Klebers

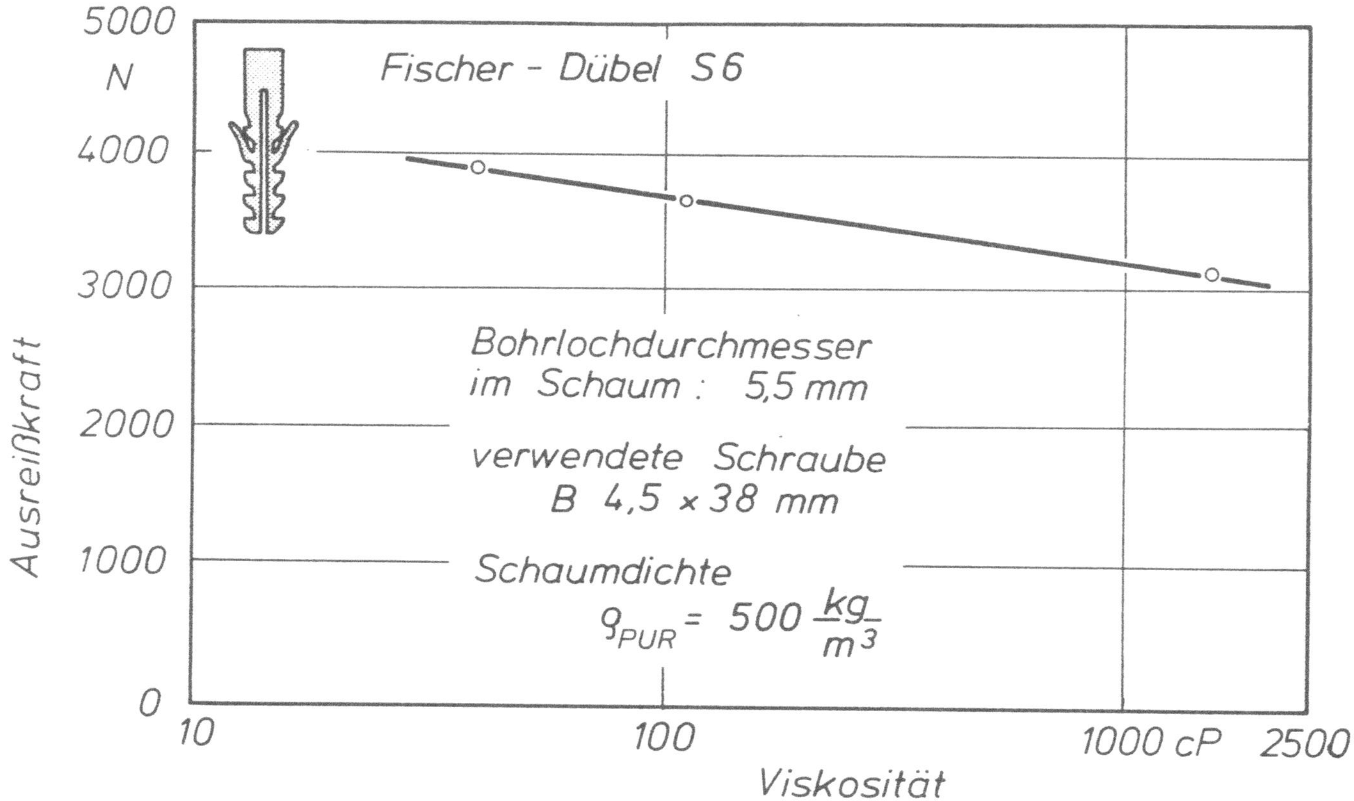

Bild 65: Ausreißkraft cyanoverklebter PA-Dübel in Abhängigkeit von der Aushärtezeit des Klebers

5.4.2 Messingdübel

Auch bei den Messingdübeln wurde zunächst der optimale Bohrlochdurchmesser ermittelt. Es ergab sich, daß allein vom Einsetzen der Dübel mit dem Durchmesser 7,5 mm her kein Spielraum zur Verfügung stand. Wurde nämlich der Bohrlochdurchmesser $d > 7,2$ mm gewählt, so drehte der Dübel beim Eindrehen der Schraube im Schaum durch, da die Kordierung nicht genügend Reibung aufbauen konnte. Andererseits wurde bei Durchmessern $d < 7,2$ mm die Schaumoberfläche beim Einschlagen zerstört, da der Messingdübel im Gegensatz zum viel weicheren PA-Dübel sich nicht zusammendrücken ließ. Aus diesen Gründen wurde bei allen Versuchen ein konstanter Bohrlochdurchmesser von $d = 7,2$ mm verwendet.
Es entstand dabei ein sehr sauberer Einsatz im Schaum, der durch die Verwendung von metrischen Gewindebolzen oder Schrauben ein mehrfaches Lösen und Verbinden zweier Teile ohne Verschleiß ermöglicht.

Die Versuche mit den Messingdübeln wurden

- ohne Kleber
- mit mikroverkapseltem Polyesterharz im Bohrloch
- mit mikroverkapseltem Polyesterharz im Bohrloch und zusätzlich im Dübel
- mit Cyanokleber (40 cP)

durchgeführt, wobei bei der Verwendung von Cyanokleber die Schraube einmal sofort eingedreht wurde und ein anderes Mal erst nach 1,5 h, um dem Kleber Zeit zum Aushärten an der Luftfeuchtigkeit zu geben.

Alle Ergebnisse der Kurzzeit-Zugversuche sind in Bild 67 wiedergegeben.[x)]
Das typische Bruchaussehen eines mit mikroverkapseltem UP-Harz eingeklebten Messingdübel ist der Ausreißtrichter, wie er bereits bei den cyanoverklebten PA-Dübeln beobachtet werden konnte (siehe auch Bild 3).

[x)] Der Streifen rechts gibt wieder den Einfluß der Nachvernetzung an, der links den der Feuchtigkeitseinwirkung.

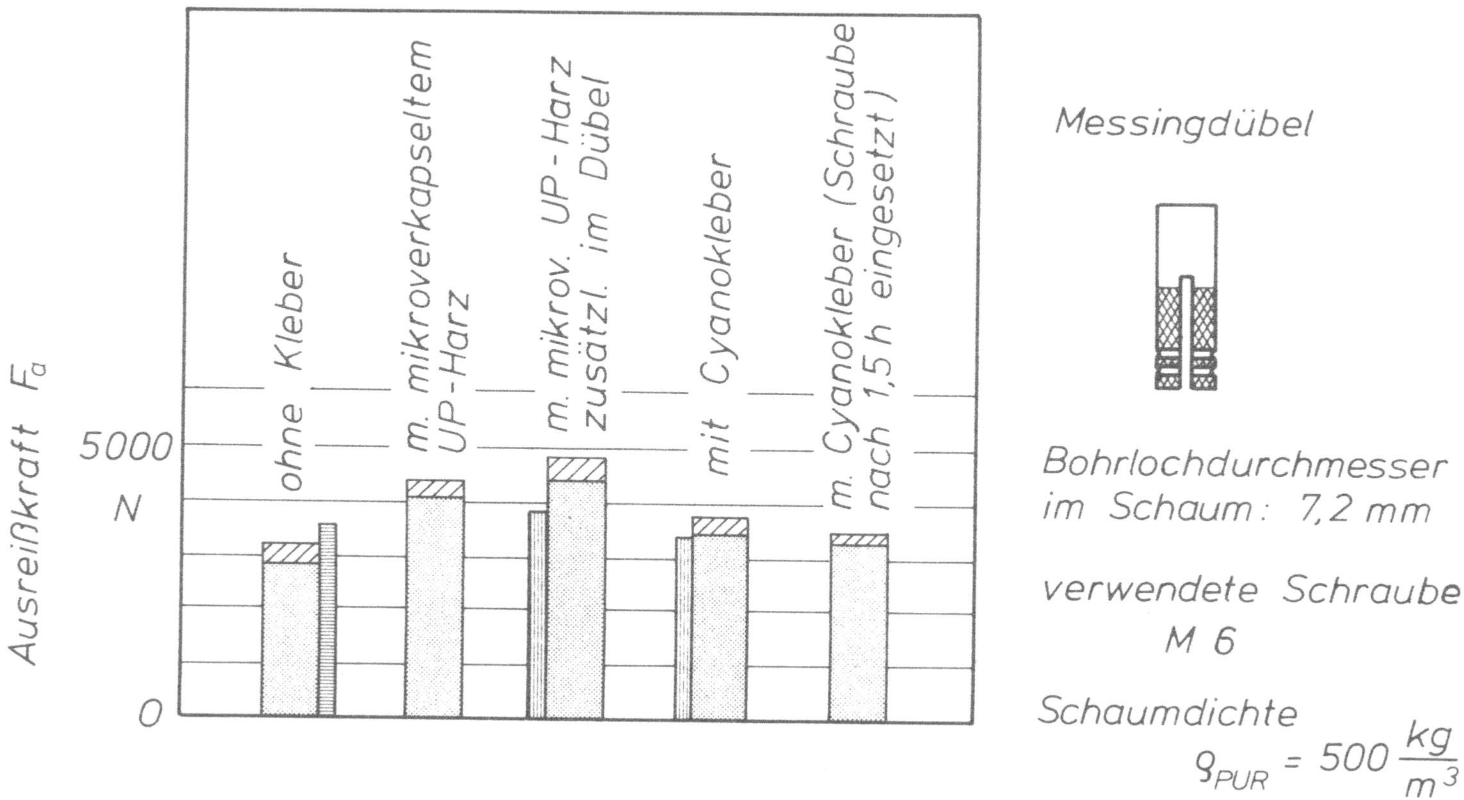

Bild 67: Ausreißkräfte handelsüblicher Messingdübel in PUR-Hartschaum bei Verwendung verschiedener Klebsysteme

Eine weitere Verbesserung wurde erreicht durch zusätzliches Auffüllen des Dübels mit Mikrokapseln, die erst beim Eindrehen der Schraube zerstört wurden, worauf dann durch die Schlitze des Dübels das freiwerdende UP-Harz zwischen Dübel und Schaum gepreßt wurde.

5.4.3 Agfa-Metalleinsätze

Wie bereits bei den Messing- und PA-Dübeln wurden ebenfalls für die beiden Agfa-Inserts die Durchmesser für die maximalen Ausreißkräfte bestimmt. Während für das im Durchmesser 6 mm große Insert Bohrungsdurchmesser von 5,0 bis 5,5 mm mit jeweils 0,1 Abstufung untersucht wurden, betrugen die Bohrungsdurchmesser für das 7 mm-Insert 5,8 bis 6,3 mm. Die Ergebnisse der Kurzzeit-Zugversuche, die mittels in die Inserts gedrehten M 4-Schrauben unternommen wurden, zeigt Bild 68.
Auffällig hieran sind die völlig verschiedenen Verläufe der Kraft. Bei dem etwas größeren Insert mit den gewindeförmigen Hinterschneidungen, die tiefer sind als die des 6 mm-Inserts, zeigt sich ein Verlauf ähnlich bei den PA-Dübeln (Bild 63), während das kleinere Insert beim Kraftverlauf ein Maximum aufweist. Dies liegt sicher daran, daß das 6 mm-Insert hauptsächlich als Preßverbindung ausgelegt ist und weniger als formschlüssige, so daß bei zu geringen Durchmessern bereits der Schaum dauergeschädigt wird, während bei den größeren Inserts mit den tieferen Hinterschneidungen der Schaum sich wieder entspannen kann solange die Elastizitätsgrenze noch nicht überschritten ist.
Die weiteren Versuche mit Klebern wurden dann auch wieder nicht mit den Bohrungsdurchmessern am Kraftmaximum durchgeführt, sondern mit größeren Durchmessern, um Raum für die Kleber zu schaffen. Bei dem 6 mm-Insert wurde mit 5,3 mm, bei dem 7 mm-Insert mit 6,0 mm vorgebohrt.
Da nur eine begrenzte Anzahl von Metalleinsätzen zur Verfügung stand, wurden jeweils zwei der beiden Arten mit

- mikroverkapseltem UP-Harz
- Cyanokleber (40 cP)
- Cyanokleber (1500 cP)

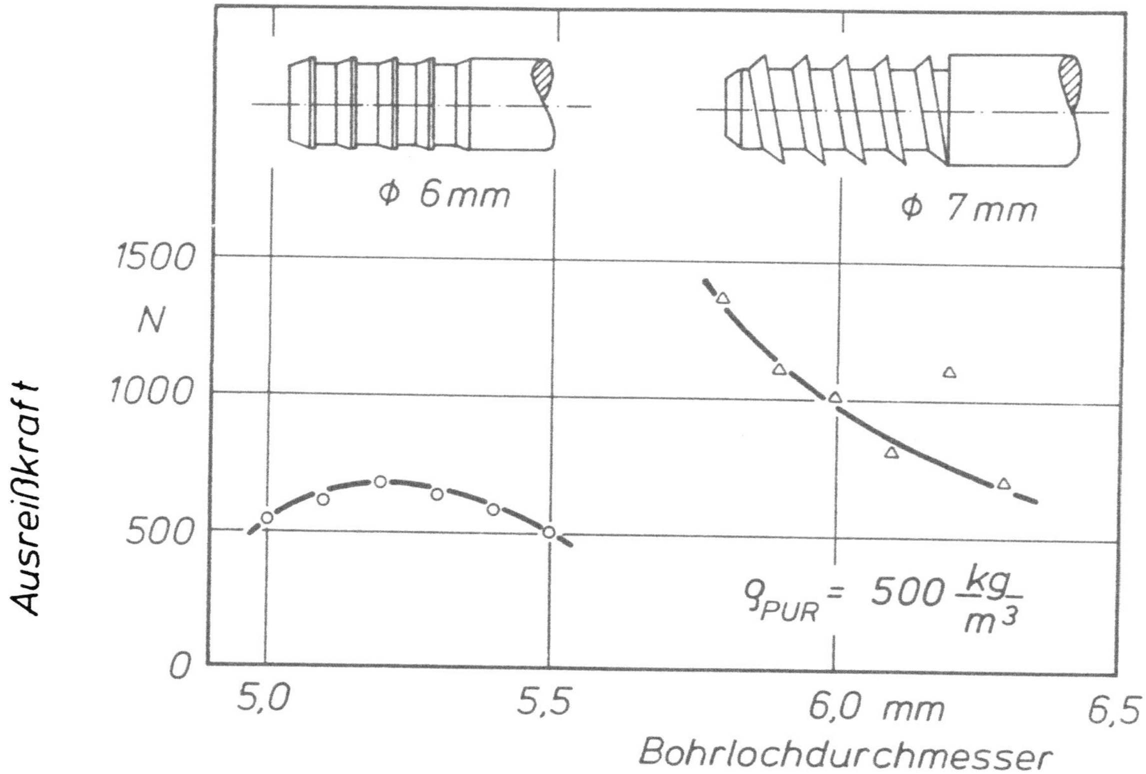

Bild 68: Ausreißkraft von Agfa-Metalleinsätzen in Abhängigkeit vom Bohrlochdurchmesser

eingeklebt und nach zwei Tagen herausgezogen.
Die dabei ermittelten Werte im Vergleich zu den nicht verklebten Inserts gibt Bild 69 wieder.
Wie daraus zu ersehen ist, lassen sich bei zusätzlicher Verwendung von Klebern Haftungsverbesserungen um ca. 100 % erzielen, wobei der Unterschied zwischen mikroverkapseltem UP-Harz und Cyanokleber kaum ins Gewicht fällt.
Diese große Verbesserung der Auszugsfestigkeit ist darauf zurückzuführen, daß die konstruierten Metalleinsätze im größeren Maße auf Pressung ausgelegt sind als auf Formschluß, so daß die große Verbesserung der Haftung sich direkt auf die Höhe der Ausreißkräfte niederschlägt, während beim sich spreizenden Messingdübel (vergl. Bild 67) die Verbesserung der Haftung durch den übergroßen Anteil an Formschluß nicht so deutlich ins Gewicht fällt.

5.4.4 Blechschraube B 4,2 x 38 mm

Um einige Vergleichswerte zu den verschiedenen Dübeln und Inserts zu bekommen, wurden ebenfalls Versuche durchgeführt, bei denen lediglich eine Blechschraube ohne zusätzlich spreizende Teile zur Krafteinleitung in den Schaum benutzt wurde. Für die auch für die Fischer S 6-Dübel verwendeten Schrauben der Abmessungen 4,2 x 38 mm (d x l) wurde in bereits stattgefundenen Versuchen /17/ ein günstigster Bohrlochdurchmesser von 2 mm ermittelt. In Bohrlöcher dieses Durchmessers wurden die Schrauben 25 mm tief eingedreht, wobei dieses Verhältnis Durchmesser zu Einschraubtiefe aus Optimierungsrechnungen aus /18/ stammt.
Untersucht wurden die Ausreißfestigkeiten ohne Kleber eingesetzter Schrauben, sowie bei der Verwendung von mikroverkapseltem Polyesterharz und Cyanokleber (40 cP).
Die bei den Versuchen ermittelten Ergebnisse zeigt Bild 70, wobei zum Vergleich noch die Werte von Messing- und PA-Dübeln sowie den Agfa-Inserts mit und ohne zusätzlichen Kleber aufgetragen sind.

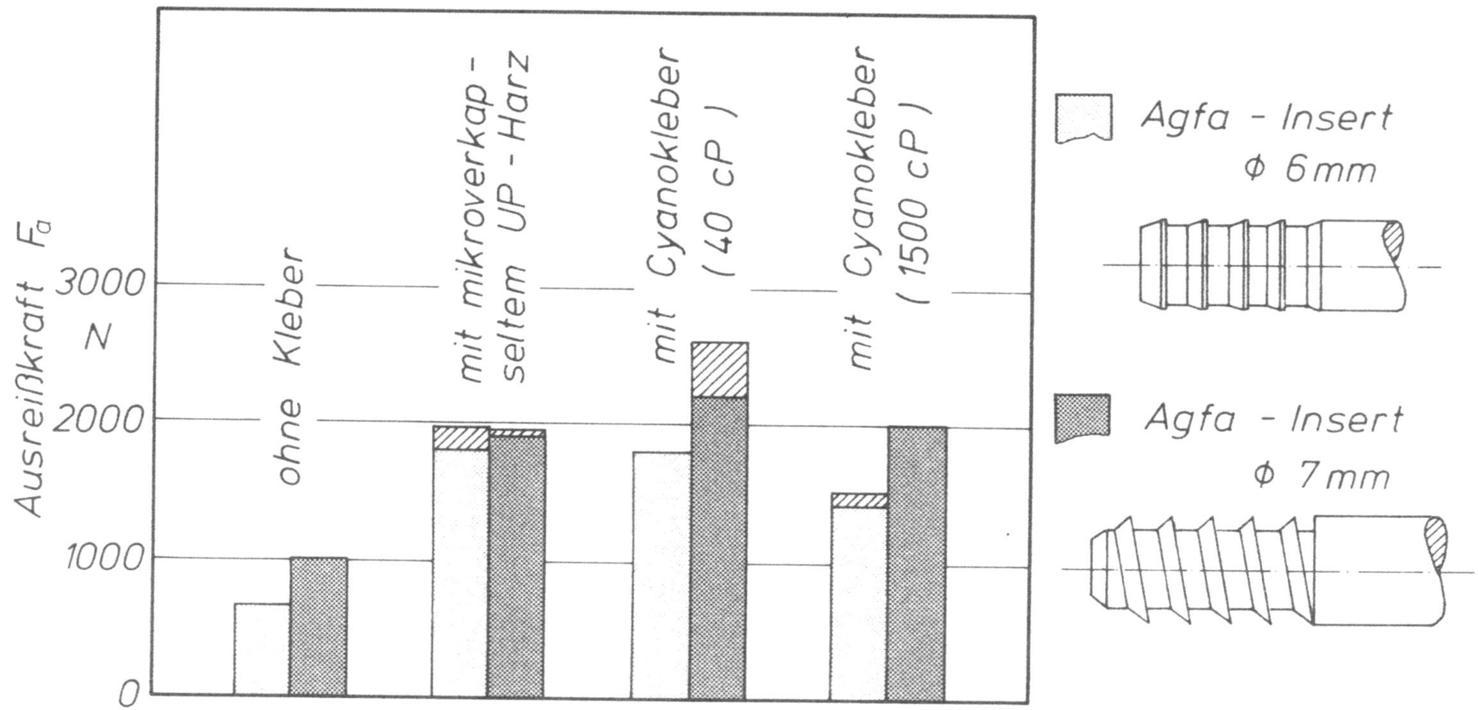

<u>Bild 69:</u> Ausreißkräfte von Agfa-Metalleinsätzen in PUR-Hartschaum bei Verwendung verschiedener Klebsysteme

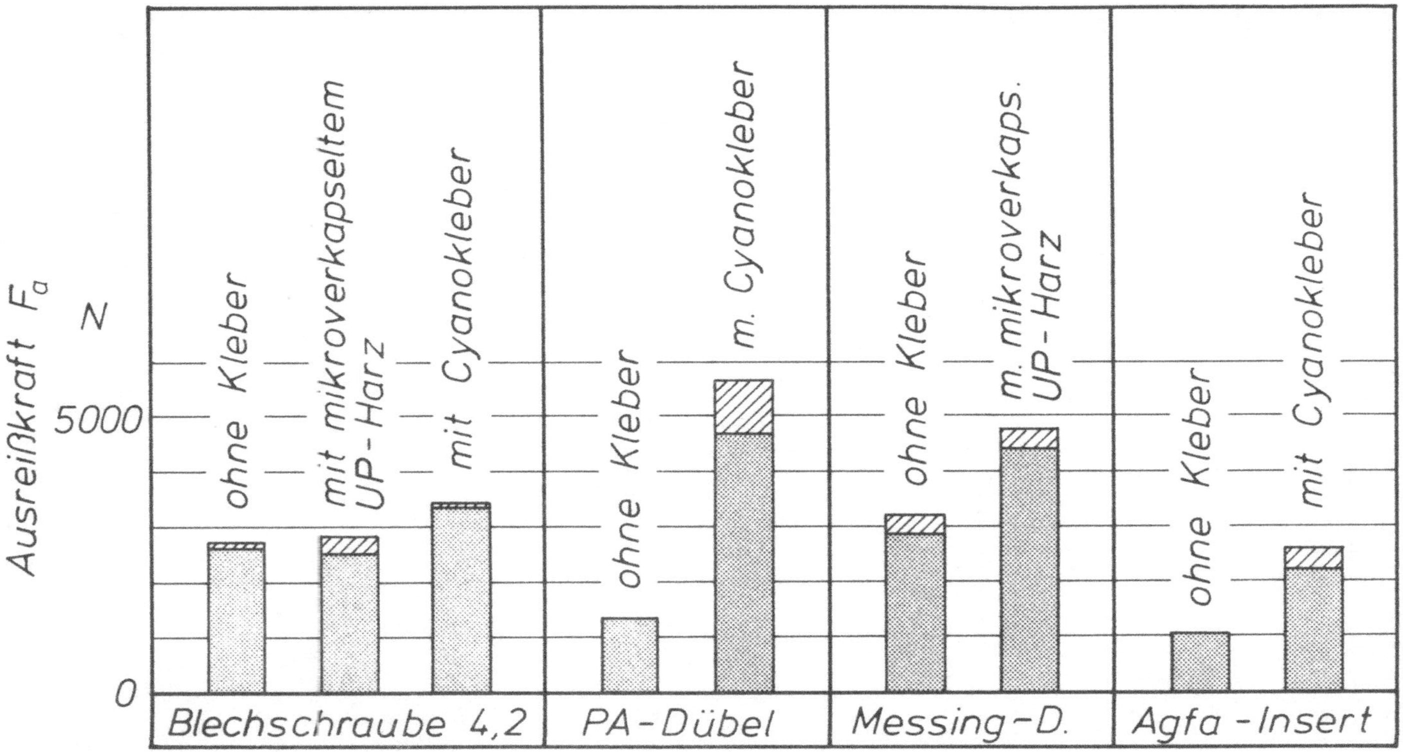

Bild 70: Ausreißkräfte einfacher Holzschrauben im Vergleich zu anderen Krafteinleitungssystemen

5.4.5 Fischer Injections-System

Eigentlich läßt diese Art der Krafteinleitung - allein schon von den Abmaßen her - keinen direkten Vergleich mit den bereits beschriebenen zu, jedoch wurde sie auf Grund ihrer vom Prinzip her interessanten Art zur Erreichung der Formschlüssigkeit trotzdem in die Versuche mit einbezogen.
Die Herstellung dieser KE ist im Vergleich zu den übrigen verhältnismäßig kompliziert und langwierig.

Neben der Verwendung von Schüttelschaum zur Auffüllung der konischen Bohrung wurde eine andere Probe mit dem auf Seite 83 beschriebenen EP-Harz ausgegossen. Eine Fixierung außer durch den Dichtflansch selbst entfiel, da ja kein Druck bei der Aushärtung auftritt.

Bild 71 zeigt die dargestellten Ergebnisse, denen zum Vergleich der Wert des besten herkömmlichen Dübels bei Verwendung von Cyanokleber gegenübergestellt ist.

5.4.6 Spritzgegossenes KE

Parallel zu den Untersuchungen an handelsüblichem KE wurde auch versucht, durch Anwendung verschiedener Klebsysteme die Belastbarkeit der spritzgegossenen KE zu verbessern, welches direkt in das Werkstück mit eingeschäumt wird. Dazu wurden die folgenden drei Klebsysteme ausgewählt:

- Cyanokleber (1500 cP)
- Vinylharz
- Silikonkautschuk

wobei letzterer zur Vermeidung von punktueller Kraftaufnahme und damit Zerstörung der Schaumzellwände herangezogen wurde.
Zwar hatten ja die Versuche an handelsüblichem KE ergeben, daß die Haftung zwischen Schaum und KE desto größer ist, je niedriger die Viskosität des Cyanoklebers gewählt wird, jedoch wurde aus anwendungstechnischen Gründen der höherviskose Kleber genommen, da dieser nicht so leicht vom KE in die Schäumform tropfen kann und

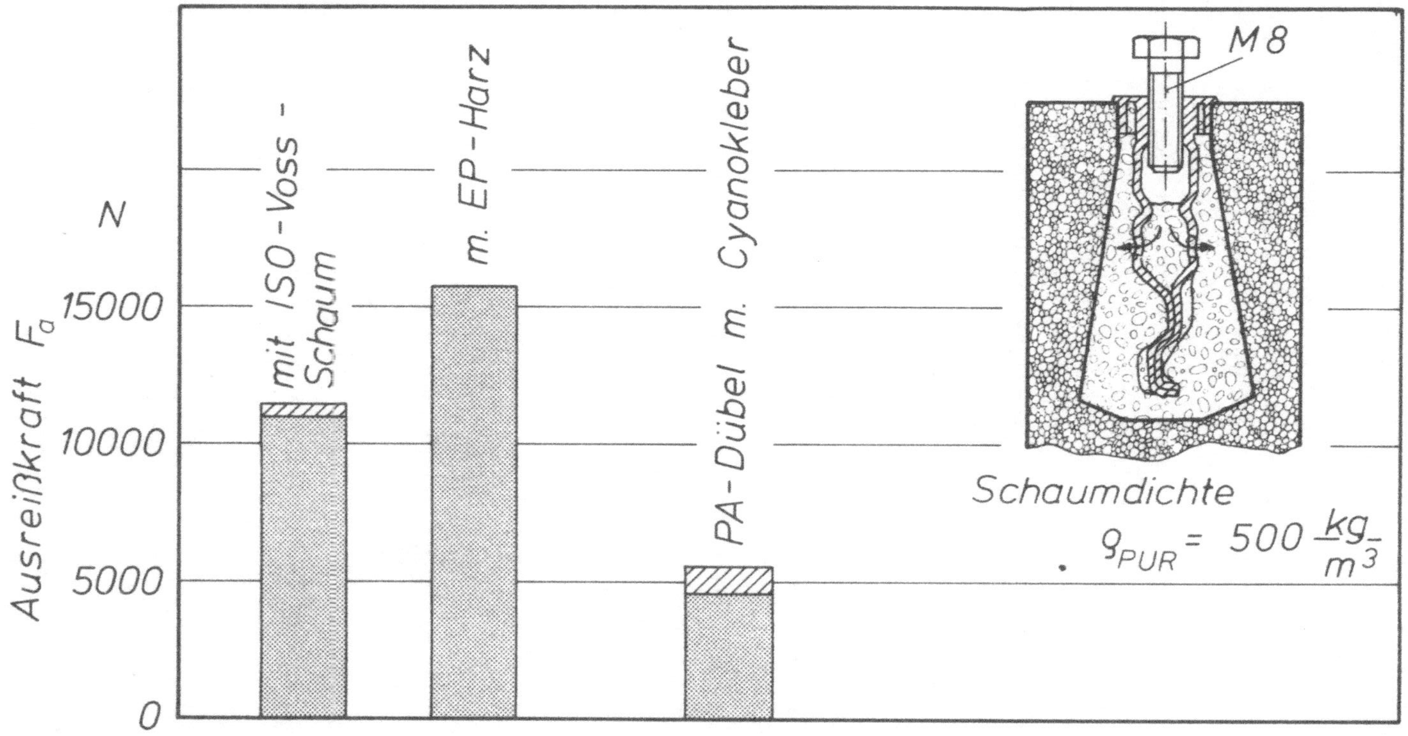

Bild 71: Ausreißkräfte bei der Anwendung des Fischer-Injections-Systems in PUR-Hartschaum (PA-Dübel zum Vergleich)

aufgrund der größeren, am KE haftend bleibenden Menge nicht so schnell aushärtet, so daß genügend Zeit zur Verfügung stand, um die KE in der Schäumform zu fixieren, diese zusammenzusetzen und auszuschäumen. Durch den höherviskosen Kleber wurde also erreicht, daß die aufsteigende Schäumfront direkt mit dem noch nicht ausgehärteten Kleber in Berührung kommt, so daß ein bestmögliches Verbinden von Schaum und KE gewährleistet war.
Bei der Verwendung von Vinylharzkleber wurde genauso verfahren, also das mit Kleber beschichtete KE sofort eingeschäumt.
Lediglich das mit Silikonkautschuk getränkte KE wurde nicht sofort eingeschäumt, sondern erst nach Aushärtung des Kautschuks, da dieser in nicht ausgehärteter Form sehr flüssig ist und bis zum Ausschäumen der Form zum größten Teil wieder vom KE abgetropft wäre und damit die Form verschmutzt hätte.

Um auf einfachere Weise die Haftung zwischen KE und Schaum durch Kleber zu erhöhen, wurden weiterhin Überlegungen angestellt, ob es nicht möglich wäre, nach dem Einschäumen den Kleber zwischen Schaum und KE zu pressen. Dazu wurden die eingeschäumten Elemente durch Hammerschläge in ihrem Sitz im Schaum gelockert. Anschließend wurden sie aufgebohrt, die Bohrung mit Cyanokleber aufgefüllt und dieser dann mit 10 bar Preßluft in den Schaum gepreßt. Dadurch sollte erreicht werden, daß der Cyanokleber in die Zwischenräume zwischen Schaum und KE aufsteigt (siehe Bild 72).

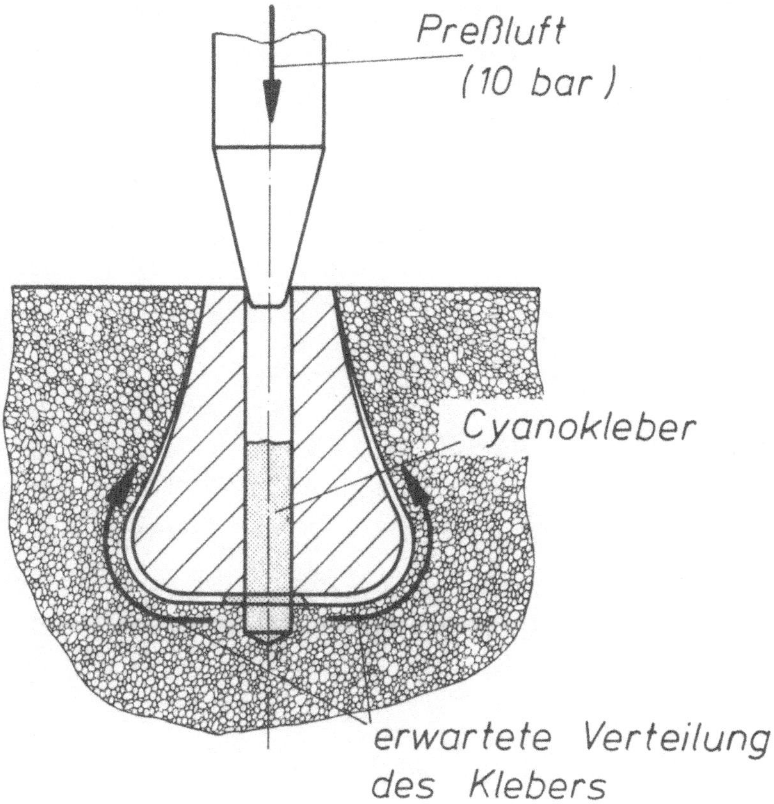

Bild 72

Dies geschah jedoch nicht in dem gewünschten Maße, wie nachträglich angefertigte Schnittbilder durch die Mitte des KE erkennen ließen. Vielmehr drang der Cyanokleber in Verlängerung der Bohrung in den Schaum ein und war dort selbst nach drei Tagen noch nicht ausgehärtet, da er durch die direkt eingedrehte Schraube nicht mehr mit der zur Aushärtung benötigten Luftfeuchtigkeit in Berührung kam.

Die Verbesserungen der Ausreißfestigkeit gegenüber den ohne Kleber eingeschäumten KE zeigt Bild 73, aufgeteilt nach den verwendeten Werkstoffen POM und PA. Man sieht, daß durch die Anwendung von Cyanokleber eine Erhöhung der Ausreißkraft um

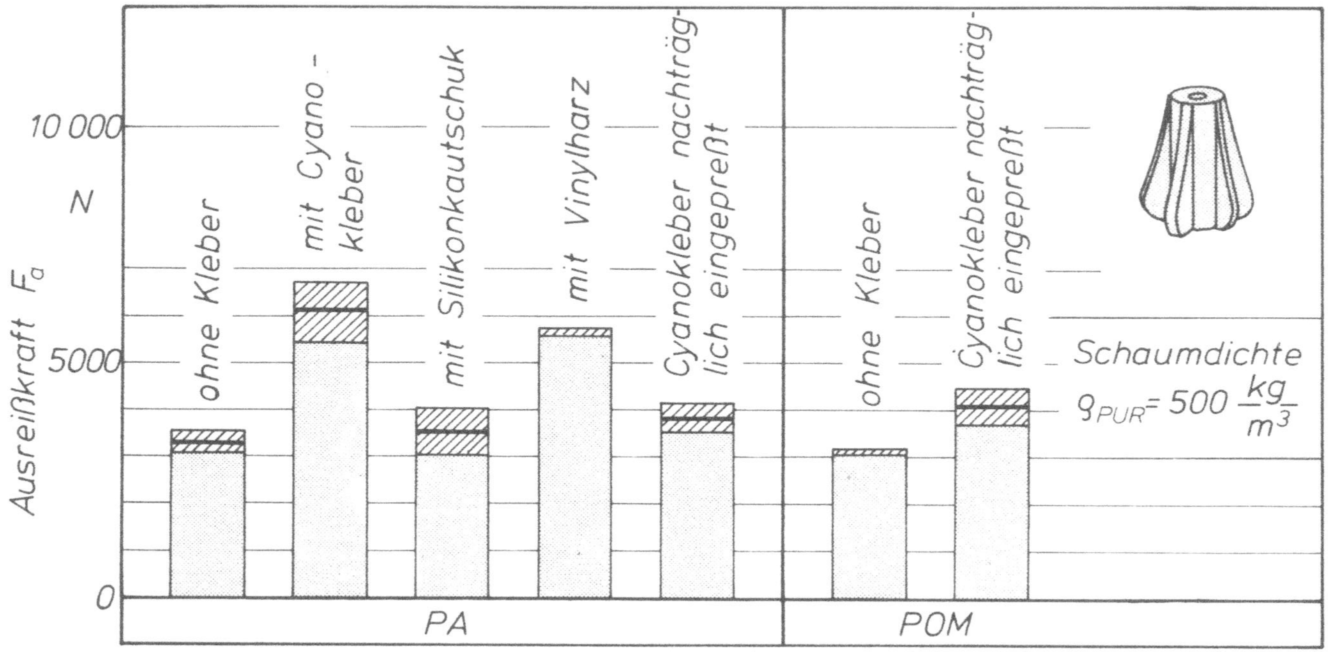

Bild 73: Ausreißkräfte spritzgegossener Krafteinleitungselemente in PUR-Hartschaum bei Verwendung verschiedener Klebsysteme

100 % möglich wird, und auch bei der Verwendung von Vinylharzkleber liegt sie noch bei ca. 75 %. Lediglich die Verwendung von Silikonkautschuk brachte keine nenneswerte Verbesserung. Es ergab sich hier aber ein abweichender Verlauf der Kraft-Weg-Kennlinie, wie aus Bild 74 ersichtlich wird.
Bei der Verwendung von Cyano- und Vinylharzklebern wird bei minimaler Verformung eine sehr hohe Kraft erreicht, die jedoch schlagartig zusammenbricht in dem Moment, wenn die Haftung zwischen KE und Schaum überschritten wird. Die sich danach wieder aufbauende Restkraft ist in der Regel bedeutend geringer als der hohe Anfangswert, so daß bei einer Auslegung der Verbindung nach der maximalen Ausreißkraft die Restkraft nicht mehr ausreichend wäre. Dagegen baut sich die Kraft bei den nicht verklebten oder mit Silikonkautschuk ummantelten KE langsam auf und nach einem flachen Verlauf des Maximums auch langsam wieder ab; beim in Silikonkautschuk getauchten KE noch extremer als beim normal eingeschäumten. (Der zweite starke Abfall der Kraft beim mit Vinylharz verklebten KE ist auf einen Strukturfehler im Schaum zurückzuführen, da solch ein Verlauf nur einmal beobachtet wurde. Deshalb ist auch der angenommene weitere Verlauf der Kraft gestrichelt eingezeichnet).
Diese unterschiedlichen Kraft-Weg-Kennlinien mit und ohne Kraftspitzen würden den verschiedenen Systemen evtl. unterschiedliche Anwendungsbereiche zuordnen.

5.5 Diskussion der Versuchsergebnisse

Wie die Tabellen bei den einzelnen KE/Kleber-Kombinationen zeigen, sind die erzielten Ergebnisse durch die Anwendung von Klebsystemen sehr unterschiedlich.
So ist z.B. der Einsatz der einfachen PA-Dübel in PUR-Hartschaum völlig undiskutabel, da bereits die bloße Verwendung einer Blechschraube doppelt so hohe Werte für die Ausreißkraft ergibt (2600 N). Die Hinzunahme von Vinylharzkleber und mikroverkapseltem UP-Harz bringt auch keine nennenswerte Verbesserung. (Die Anwendung von mikroverkapseltem UP-Harz ist deshalb nicht wirksam, weil der relativ weiche PA-Dübel nicht die hohen, zur Zerstörung

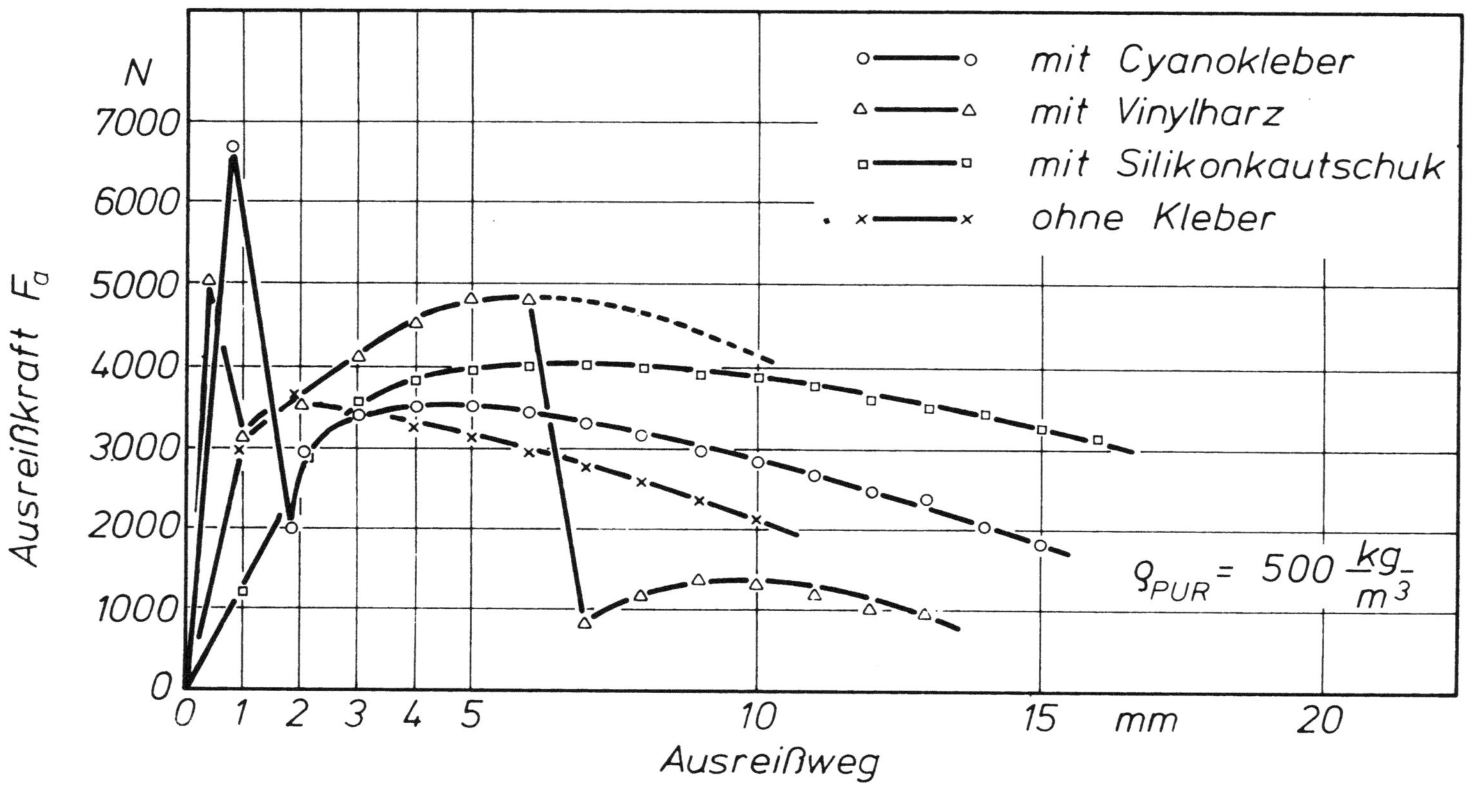

Bild 74: Kraft-Weg-Diagramm für spritzgegossene Krafteinleitungselemente aus PA

der Mikrokapseln benötigten Druck- bzw. Scherkräfte aufbringen kann). Eine Verdoppelung bzw. Verdreifachung der Ausreißkräfte wird erst durch den Einsatz von Cyanoklebern erreicht (5000 N), womit dann allerdings schon die Werte überschritten werden, die sich bei speziell entwickelten, nur formschlüssig wirkenden KE ergeben, die direkt mit eingeschäumt werden (3500 N). Der PA-Dübel besitzt natürlich den Vorteil, daß die hohen Werkzeugkosten vermieden werden, die beim Einbringen und Fixieren der KE in der Schäumform anfallen. Dafür muß aber ein zusätzlicher Montageschritt ausgeführt werden, der den Anwender jedoch in der Wahl der Lage des KE nachträglich flexibler werden läßt, was sich wiederum auf die Passgenauigkeit beim Zusammenfügen zweier PUR-Teile positiv auswirken kann. Man kann sicher grob abschätzend sagen, daß für Kleinserien eine nachträgliche Montage billiger wird, bei Großserien aber die höheren Werkzeugkosten durch große Stückzahlen wieder aufgefangen werden. Hinzu kommen zwei weitere Nachteile des verklebten PA-Dübels: die Verwendung von Cyanokleber muß mit größter Vorsicht und Sorgfalt geschehen, und die einmal verklebte Schraube läßt sich nicht ohne Zerstörung der Verbindung wieder lösen.
Diese beiden Nachteile besitzt der Messing-Spreizdübel nicht, der bereits bei der Verwendung ohne zusätzlichen Kleber sehr gute Ausreißkräfte erzielt (3000 N). Dafür ergibt sich durch Verkleben von Messingdübel und Schaum mit Cyanokleber so gut wie keine Verbesserung der Ausreißkräfte. Diese wird erst erreicht durch die Verwendung des mikroverkapselten UP-Harzes, dessen Anwendung sich zudem noch bedeutend problemloser gestaltet, da das Harz erst frei wird, wenn der Dübel eingeschlagen bzw. die Schraube eingedreht wird. Die Verbesserung der Ausreißkräfte liegt dann bei ca. 50 % (siehe Bild 67). Ein großer Vorteil des Messingdübels ist weiter darin zu sehen, daß metrische Schrauben verwendet werden können, die ein beliebig oft wiederholbares Ein- und Herausdrehen zulassen, selbst wenn die Dübel innen noch mit mikroverkapseltem UP-Harz aufgefüllt werden, da dieses durch die Schraube völlig auf den Grund des Dübels gedrückt wird und dadurch Schraube und Dübel nicht verkleben.

Den Vorteil der Verwendung metrischer Schrauben bieten auch die Agfa-Metalleinsätze, deren mehr auf Kraft- als auf Formschluß beruhendes Prinzip jedoch nur halb so hohe Werte für die Ausreißkraft liefert (bis zu 2400 N bei der Verwendung von Cyanokleber bzw. mikroverkapseltem UP-Harz). Direkt vergleichbar sind diese Ergebnisse mit denen der Messingdübel zwar nicht, da nur Metalleinsätze für M 4-Schrauben zur Verfügung standen, während die Messingdübel für M 6-Schrauben ausgelegt waren. Da der Außendurchmesser der Messingdübel mit 7,5 mm aber nur um 0,5 mm über dem des Agfa-Inerts liegt, lassen sich die Unterschiede in den Ausreißkräften von mehr als 100 % nicht nur durch diesen etwas größeren Außendurchmesser erklären. Außerdem ist die Schraube - ob M 4 oder M 6 - bei der gesamten Krafteinleitung das unkritischste Glied, so daß man, ausgehend von der Einbaugröße, sagen kann, daß ein hauptsächlich auf Kraftschluß beruhendes Prinzip wie das der Agfa-Inserts zur Einleitung möglichst hoher Kräfte in PUR-Hartschaum nicht das optimale ist. Der einzige Vorteil gegenüber den Messingdübeln besteht darin, daß zum Eindrehen der Schraube nicht so hohe Drehmomente aufgeboten werden müssen, da die Schraube hier nicht die Aufgabe der Spreizung übernehmen muß.

An dieser Stelle muß auch noch einmal auf die Werte hingewiesen werden, die eine ganz normale Blechschraube liefert. Sie liegen bei der verwendeten Schraube (d = 4,2 mm) ohne jeglichen Kleber in demselben Bereich (2500 N) wie der einfache Messingdübel oder das cyanoverklebte Agfa-Insert. Deshalb sollte ihre Verwendung für die Krafteinleitung in PUR-Hartschaum nicht völlig außer Acht gelassen werden, da sie im Verhältnis Aufwand/Nutzen wohl die günstigste Lösung darstellt.
Dieselbe Blechschraube wird auch in dem im IKV entwickelten, direkt mit eingeschäumtem KE verwendet, das ohne zusätzlichen Einsatz von Klebern auch nur ca. 30 % höhere Ausreißkräfte liefert (3200 N bei reinem Formschluß) als die bloße Schraube. Die sehr umständliche Anwendung von Klebsystemen führt zwar zu einer ca. 100 %igen Verbesserung dieser Werte (6200 N), jedoch sollte nicht übersehen werden, daß ein cyanoverklebter PA-Dübel im Kurzzeit-Zugversuch auch bis zu 5700 N hielt, und dessen Einbringung in den Schaum bedeutend weniger Aufwand nötig werden läßt.

Wie weit sich mit noch aufwendigeren Systemen diese Ausreißfestigkeit steigern läßt, ist aus den Versuchen mit dem Fischer-Injections-System ersichtlich. Hier ergaben sich Ausreißkräfte von über 15000 N bei der Verwendung von EP-Harz. Allerdings lassen sich diese Ergebnisse nicht mit den anderen vergleichen, da vom Aufwand und von den Einbaudimensionen her dieses System zu groß ist. Trotzdem sind diese Ergebnisse interessant, da solche Dimensionen (Wandstärke 60 mm und mehr) bei der Verschalung von Gebäuden z.B. durchaus erreicht werden können.

Abschließend ist noch zu bemerken, daß bei den wenigen, dazu durchgeführten Versuchen ein nicht geringer Einfluß der Nachvernetzung auf die Höhe der Ausreißkräfte festzustellen war (vergl. Bild 64 und 62). Diesem Einfluß auf die Belastbarkeit der Verbindung wird natürlich bei Kurzzeit-Zugversuchen, die in dieser Arbeit ausschließlich unternommen wurden, nicht Rechnung getragen, so daß er einmal zusätzlich in Langzeitversuchen untersucht werden müßte.

6. Krafteinleitung bei Sandwichkonstruktionen GFK-PUR-GFK

Die Hauptanwendungsform von Sandwichelementen ist z.Z. das Fassadenelement im Bauwesen. Daher beschränken sich die Untersuchung in dieser Arbeit auf diese Art der Krafteinleitung.

In /19/ wurde ebenfalls eine Vielzahl von Konstruktionsmöglichkeiten untersucht und dazu Ansätze zur theoretischen Betrachtung aufgestellt (siehe auch /20/).

6.1 Verwendete Sandwichelemente

Die Deckschichten bestanden aus 2 mm dicken UP-Platten mit 30 Vol.-% Glasseidenmatte.

E-Glasseidenmatte GSM;
Typ M113-ES10-100
Hersteller: Gevetex, Düsseldorf

Ungesättigtes Polyesterharz;
Palatal P4
Hersteller: Bayer, Leverkusen

Es wurden zwei KE-Formen ausgewählt (Bild 75 und 76).

Für die Herstellung der KE wurden zwei Wickelvorrichtungen und Preßwerkzeuge hergestellt. Mit Hilfe der Wickelvorrichtungen ließ sich die gezielte Verstärkung vom Bolzenauge ausgehend in die fingerartigen Verlängerungen (Form 1) bzw. eine dreieckförmige Ablage des Rovings (Form 2) erreichen.

Die dünn gezeichneten Linien in den Bildern 75 und 76 stellen die Rovingstränge dar. Der Roving wurde jeweils um einen Ø 10 mm-Bolzen gelegt und von dort aus über kleinere Stifte an den Enden des fingerartigen Gebildes gewickelt, so daß eine gerichtete Verstärkung erzielt wurde. Der Roving wurde immer einmal (15 Rovingstränge am Bolzenauge) bzw. zweimal (30 Rovingstränge am Bolzenauge) um die kleinen Stifte gewickelt.
Das so gewickelte Gebilde wurde mitsamt Wickelträger in das Preßwerkzeug eingelegt und dieses bei einigen bar Überdruck mit EP-Harz gefüllt.
Auf diese Weise ließ sich eine intensive Tränkung der Stränge erzielen. Die Proben konnten dann bei 60°C aushärten und der Preßform entnommen werden.

Epoxidharz:	Araldit cy 209
	Härter Hy 956
Hersteller:	Ciba-Geigy AG, Wehr/Baden
Roving:	E-Textilglasroving
Typ:	EC 14-1200-K 937 (150)
Hersteller:	Gevetex, Düsseldorf

Die Kombination von UP-Deckplatten und rovingverstärkter EP-KE wurde aufgrund der guten Haftung bei Verklebung mit EP-Harz gewählt /22/.
Nach der Verklebung der KE wurden jeweils zwei Deckschichten

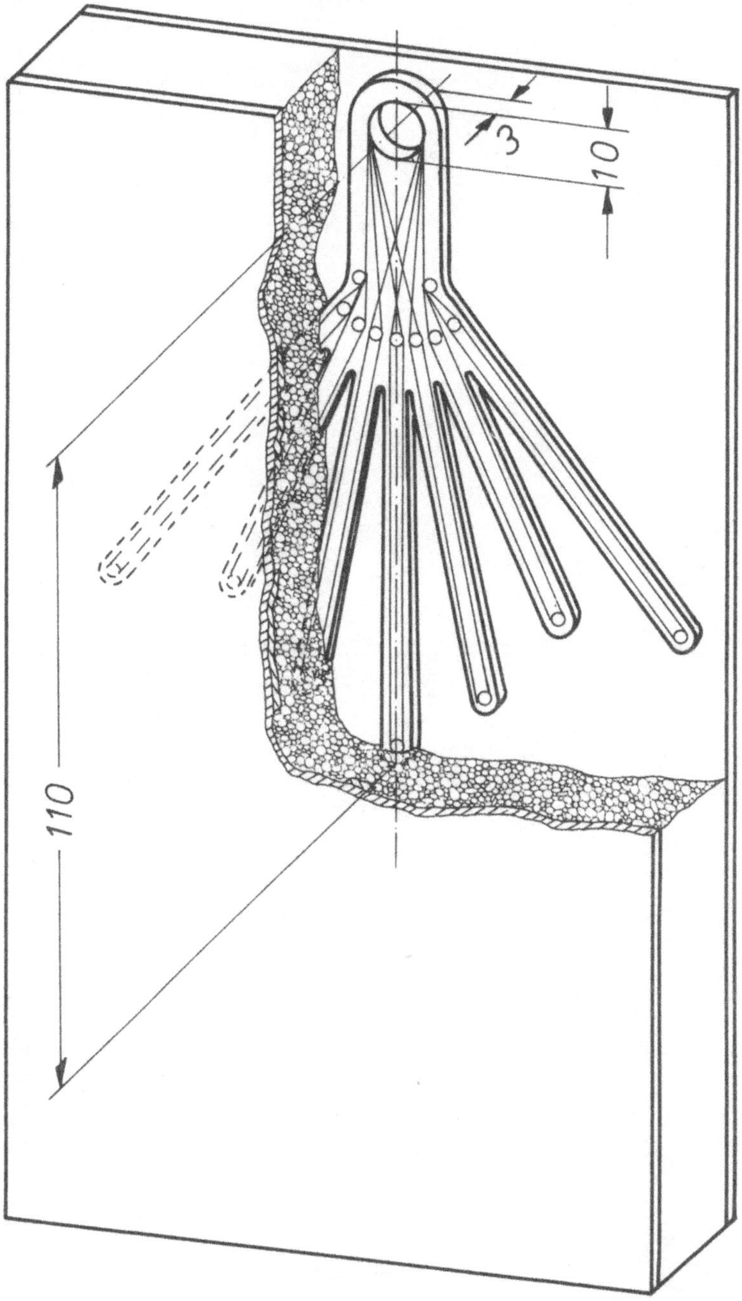

Bild 75: Krafteinleitungselement für Sandwichbauteile, Form 1

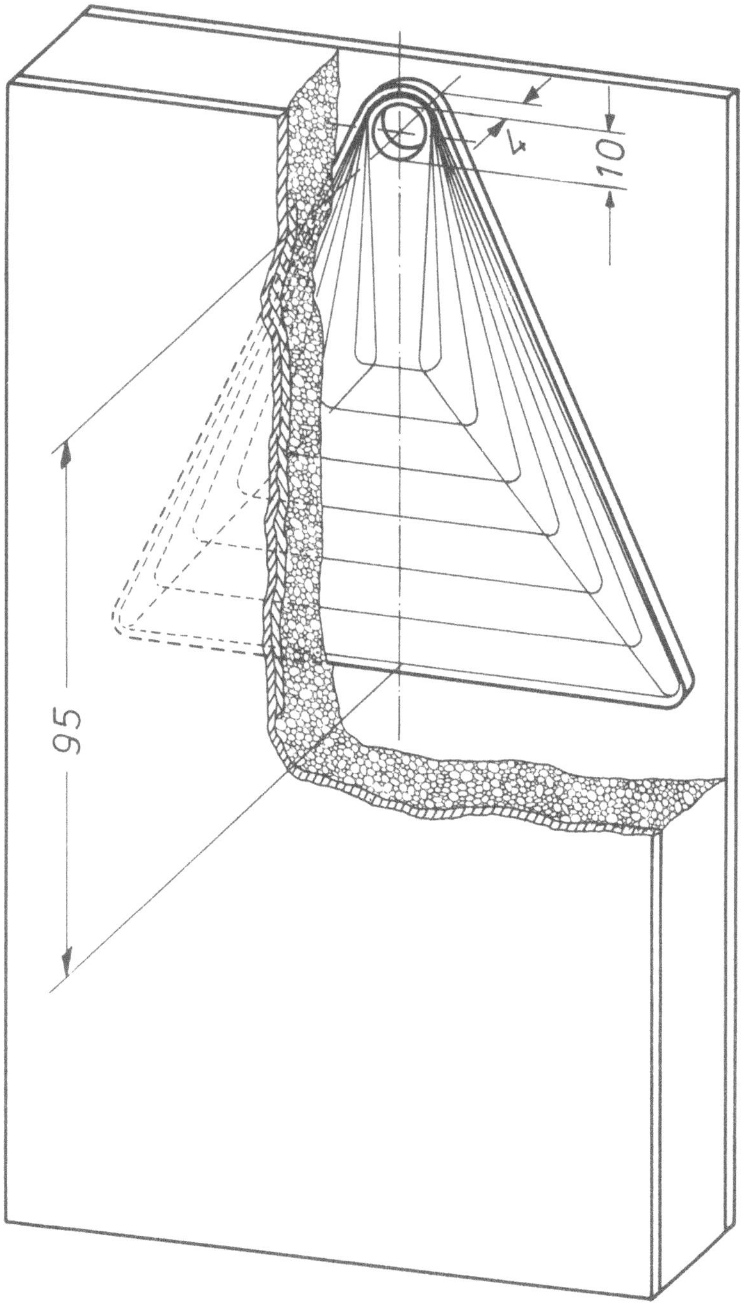

Bild 76: Krafteinleitungselement für Sandwichbauteile, Form 2

in das Schäumwerkzeug eingelegt und innen mit PUR-Hartschaum (ρ = 475 kg/m^3) ausgeschäumt. Die Probekörper hatten die gleichen Abmessungen 30 x 120 x 200 wie in Bild 28.

6.2 Kurzzeitzugversuche

Mit einer "U-Eisen"-förmigen Stahlkonstruktion wurde die Zugkraft über einen Ø 10 mm-Bolzen in die EP-KE eingeleitet.

Die Versuche wurden auf einer Prüfmaschine der Firma Zwick mit einer Abzugsgeschwindigkeit v_z = 10 mm/min durchgeführt.

6.3 Versuchsergebnisse

In Bild 77 sind die Zugfestigkeiten für verschieden verstärkte EP-KE die auf GF-UP-Platten aufgeklebt sind, dargestellt.
Der schraffierte Bereich gibt die Meßwerte von jeweils 10 Proben wieder.
Daß mit 30 Rovingsträngen am Bolzenauge gegenüber 15 Rovingsträngen keine Verdoppelung der Zugkräfte erreicht wurde, liegt an dem hohen Glasgehalt im Querschnitt oberhalb des Loches. Hierdurch sind auch die etwas geringeren Zugkräfte bei Form 1 zu erklären; denn trotz des Tränkungsvorgangs des Wickelkörpers im Werkzeug erfolgte nicht immer eine genügende Benetzung der einzelnen Rovings mit EP-Harz.
So versagte fast jede Probe an diesem kritischen Querschnitt oberhalb des Loches.
Bei Bolzenaugen mit 30 Rovingsträngen versagten aber immerhin 4 Bolzen, indem diese sich zu weit durchbogen und so die Verbindung zerstört wurde.

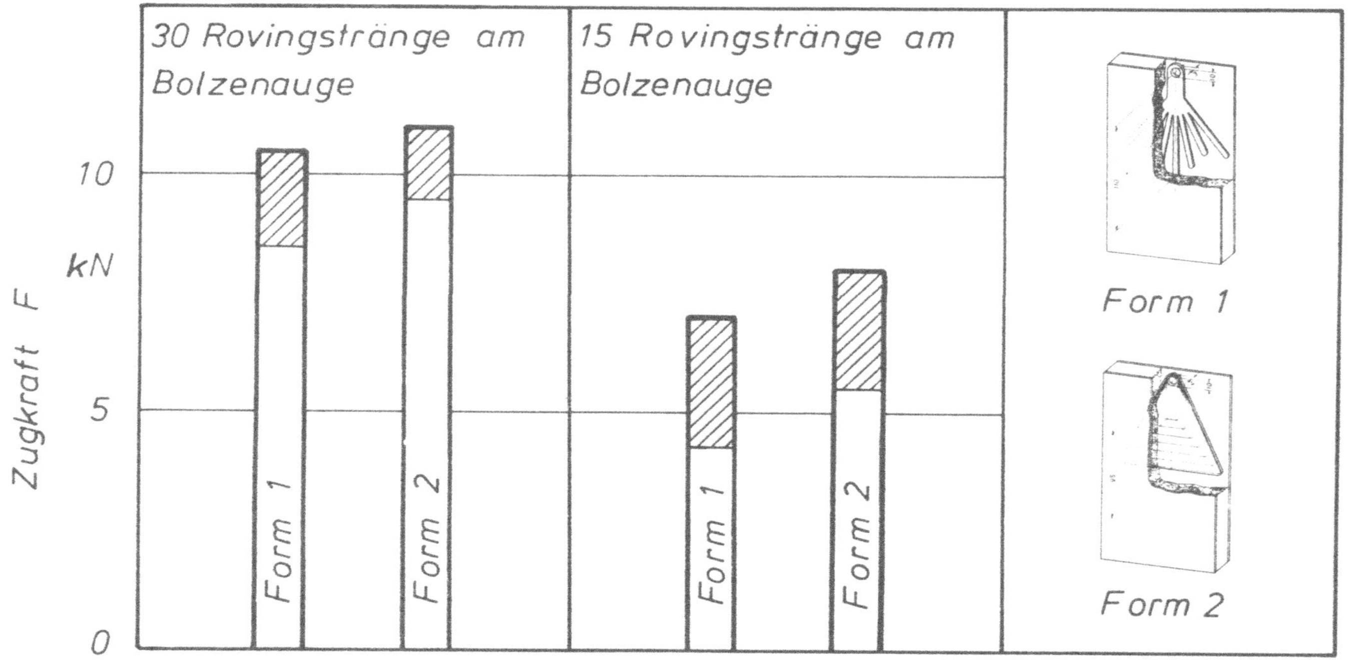

Bild 77: Zugfestigkeit roving-glasfaserverstärkter EP-Krafteinleitungselemente

7. Verwendete Abkürzungen und Formelzeichen

KE	Krafteinleitungselement
IHS	Integralhartschaum
Ebw	Einbettungserkstoff
PUR	Polyurethan
GF-EP	glasfaserverstärktes Epoxidharz
UP	Ungesättigter Polyester
PE	Polyäthylen
PP	Polypropylen
GF_{20}-PP	Polypropylen verstärkt mit 20% Kurzglasfasern
PVC	Polyvinylchlorid
POM	Polyoxymethylen (Polyacetal)
PETP	Polyäthylenterephthalat
PBTP	Polybutylenterephthalat
PA	Polyamid
PS	Polystyrol
ABS	Acrylnitril-Butadien-Styrol

Verwendete Formelzeichen

Kurzzeichen	Dimension	Benennung
σ	N/cm^2	Hauptspannung
d	cm	belastete Modelldicke
n	--	Isochromatenordnung
S	$\frac{N}{cm \ Ordnung}$	spannungsoptische Konstante
F	N	Kraft
A	mm^2	Fläche
b	mm	Breite
f	mm	Brennweite

E	N/mm^2	Elastizitätsmodul
ε	--	Dehnung
L_n	mm	Länge eines Krafteinleitungselement-Streifens
p	N/mm^2	Flächenpressung
F_n	N	Zugbelastung in Längsrichtung
ΔL	mm	Längenänderung
b (n)	mm	Streifenbreite
h	mm	Krafteinleitungselementdicke
α	Grad	Steigungswinkel
Lsp	mm	Länge der theoret. Streifenspitze
Δb	mm	Breitenänderung
εq	--	Querstauchung
ν	--	Querkontraktionszahl
Fg	N	Belastung rechtwinklig zur Längsrichtung
h_{Ebw}	mm	Bauteildicke minus Krafteinleitungselementdicke
s	mm	Verformung des Einbettungswerkstoffes durch Druck

8. Literaturverzeichnis

/ 1/	N.N.	Möbel müssen nicht aus Holz sein Kunststoff-Berater (1969) 12, S. 1002-1007
/ 2/	Binder, G.	Bauteile, Baustoffe, Bauzubehör Kunststoffe (1971) 12, S. 982-99
/ 3/	Winfiel, A.G.	Plastics in Building Polymer Age (1971) 5, S. 169-170
/ 4/	N.N.	Tomorrow's furniture is here today as contemporary dominates the scene Modern Plastics International (1974) 2, S. 14-18
/ 5/	Jonas, R.	Zwischenbericht zum Forschungsauftrag NRW IIB5 FA 6276; Berichtszeitraum 1.7.1975 - 31.12.1975
/ 6/	N.N.	Arbed - F & G Typenliste 74/75 Köln 1974
/ 7/	Menges, G. Thebing, U.	Mechanische Eigenschaften von Polyurethan-Sandwichbauteilen als Fassadenelemente Techn. wiss. Bericht des IKV an der RWTH Aachen (1976), IKV-Archiv-Nr. B 76/13
/ 8/	N.N.	VDI BW 1827 VDI Verlag Düsseldorf
/ 9/	Leuchter, H, Jonas, R.	Haftung zwischen Thermoplasten und und Polyurethanschaum Studienarbeit am IKV IKV-Archiv-Nr. SA 76/06
/10/	Föppl, L. Mönch, E.	Praktische Spannungsoptik Springer, Berlin 1972
/11/	Knipschild, F.	Ein Beitrag zur Abschätzung und Ermittlung mechanischer Eigenschaften von Kunststoffhartschäumen Techn. wiss. Bericht des IKV an der RWTH Aachen IKV-Archiv-Nr. DS 75/07a
/12/	Link, W. Jonas, R.	Entwicklung von Krafteinleitungselementen für Kunststoffschäume Staatsarbeit am IKV IKV-Archiv-Nr. D 76/64

/13/ Jahn, J.
Schlüter, H.
Erhöhung der Haftung zwischen Krafteinleitungselementen und PUR-Schaum mit verschiedenen Klebsystemen
Studienarbeit am IKV
IKV-Archiv-Nr. SA 77/49

/14/ Potente, H.
Albertsmeyer, F.
de Zeeuw, K.
Kunststoffklebverbindungen
Herausgeber IKV, 5100 Aachen, Pontstr. 49

/15/ Müller, D.F.
Mikroverkapselung
Fachzeitschrift "Die Maschine",
Heft 4/72

/16/ N.N.
Untersuchungen der Firma Agfa-Gevaert AG, München

/17/ Schlüter, H.
Unveröffentlichte Arbeit am IKV

/18/ Reiß, M.
Berechnungsgrundlagen für das Verbinden von Kunststoffteilen mit gewindeprägenden Schrauben
Fachzeitschrift "Kunststoffe" 67 (1977) 3, S. 160

/19/ Thebing, U.
"Methodische Untersuchung von Konstruktionsmöglichkeiten tragender Leichtbauelemente aus Kunststoffen"
Techn. wiss. Bericht des IKV an der RWTH Aachen (1976)
IKV-Archiv-Nr. B 76/21

/20/ Knauer, B.
Zur Krafteinleitung in Plastbauteile
Plaste und Kautschuk 20. Jg.
H. 12, 1973, S. 921-932

/21/ Menges, G.
Hiemenz, H.
Targiel, G.
Wärmeausdehnungsverhalten von Polyurethanschaumstoff
GAK, 30. Jg.
H. 9/1977, S. 626-645

/22/ Roth, E.
Schwindung von ungesättigten Polyesterharzen
Dissertation an der RWTH Aachen (1977)
IKV-Archiv-Nr. DS 77/05

GPSR Compliance

The European Union's (EU) General Product Safety Regulation (GPSR) is a set of rules that requires consumer products to be safe and our obligations to ensure this.

If you have any concerns about our products, you can contact us on ProductSafety@springernature.com

In case Publisher is established outside the EU, the EU authorized representative is:

Springer Nature Customer Service Center GmbH
Europaplatz 3
69115 Heidelberg, Germany

Batch number: 10584556

Printed by Printforce, the Netherlands